30 Minuten

Suchmaschinen-
optimierung

Silvia Kohring

Bibliografische Information der Deutschen Nationalbibliothek. Die Deutsche Nationalbibliothek verzeichnet diese Publikation in der Deutschen Nationalbibliografie; detaillierte bibliografische Daten sind im Internet über http://dnb.d-nb.de abrufbar.

ISBN 978-3-96739-104-6

Umschlaggestaltung: die imprimatur, Hainburg
Umschlagkonzept: Buddelschiff, Stuttgart – www.buddelschiff.de
Lektorat: ArsVocis – Anna Ueltgesforth, Amorbach
Satz: Zerosoft, Timisoara (Rumänien)
Druck und Verarbeitung: Salzland Druck, Staßfurt

Hinweis:
Das Buch ist sorgfältig erarbeitet worden. Dennoch erfolgen alle Angaben ohne Gewähr. Weder Autorin noch Verlag können für eventuelle Nachteile oder Schäden, die aus den im Buch gemachten Hinweisen resultieren, eine Haftung übernehmen.

Wir drucken in Deutschland.

www.gabal-verlag.de
www.gabal-magazin.de
www.twitter.com/gabalbuecher
www.facebook.com/gabalbuecher
www.instagram.com/gabalbuecher

PEFC zertifiziert
Dieses Produkt stammt aus nachhaltig bewirtschafteten Wäldern und kontrollierten Quellen.
www.pefc.de

In 30 Minuten wissen Sie mehr!

Dieses Buch ist so konzipiert, dass Sie in kurzer Zeit prägnante und fundierte Informationen aufnehmen können. Mithilfe eines Leitsystems werden Sie durch das Buch geführt. Es erlaubt Ihnen, innerhalb Ihres persönlichen Zeitkontingents (von 10 bis 30 Minuten) das Wesentliche zu erfassen.

Kurze Lesezeit

In 30 Minuten können Sie das ganze Buch lesen. Wenn Sie weniger Zeit haben, lesen Sie gezielt nur die Stellen, die für Sie wichtige Informationen beinhalten.

- Schlüsselfragen mit Seitenverweisen zu Beginn eines jeden Kapitels erlauben eine schnelle Orientierung: Sie blättern direkt zu dem Thema, das Sie besonders interessiert.
- **Zahlreiche Zusammenfassungen innerhalb der Kapitel erlauben das schnelle Querlesen.**
- Ein Fast Reader am Ende des Buches fasst alle wichtigen Aspekte zusammen.
- Ein Register erleichtert das Nachschlagen.

Inhalt

Vorwort

„In drei Tagen auf Platz 1 bei Google." Verspricht Ihnen jemand so etwas, sollten Sie skeptisch werden. Sparen Sie sich im Falle eines derartigen Angebots lieber Ihr Geld.

Unrealistische Angebote bei der Suchmaschinenoptimierung (SEO Search Engine Optimization) sind leider keine Seltenheit. Ich selbst habe vor vielen Jahren viel Geld in eine teure, aber nicht optimierte Website investiert und für meine Unkenntnis teuer Lehrgeld bezahlen müssen. Ich musste erfahren, dass es, wie im wahren Leben, auch bei Internetseiten nicht (nur) auf die äußere Schönheit, sondern letztlich vor allem auf die inneren Werte ankommt.

Als damals meine Umsätze plötzlich wegbrachen, musste ich erkennen, wie überlebenswichtig es gerade für kleinere Unternehmen ist, gut im Internet gefunden zu werden.

Wenn Sie eine eigene Website haben, stehen Sie früher oder später vor einer ähnlichen Herausforderung. Sie müssen sich mit Ihrem Internetauftritt und dessen Performance auseinandersetzen.

Sie können eine Agentur beauftragen, was durchaus sinnvoll sein kann, oder Sie können selbst Hand anlegen und sich mit dem Thema Suchmaschinenoptimierung auseinandersetzen. Nehmen Sie die Herausforderung an! SEO ist spannend und kann unerwartet viel Freude bereiten. Spätestens dann, wenn sich entsprechende Erfolge einstellen.

Sich mit der eigenen Website auseinanderzusetzen, bedeutet nicht nur, das eigene Angebot zu analysieren, sondern auch, sich selbst besser kennenzulernen. Ihre Website reflektiert nicht nur Ihr Angebot, sondern auch Sie selbst als Anbieter von Dienstleistungen und Produkten, für was Sie stehen und letztlich auch wer Sie sind.

Wenn Sie wenig oder keine Kenntnisse von Suchmaschinenoptimierung haben und das Thema für Sie bislang ein Buch mit sieben Siegeln ist, dann ist dieses Buch wie für Sie gemacht. Sie erfahren in komprimierter Form und in verständlicher Sprache, was Sie tun können, um Ihre Website bei Google & Co. gut zu positionieren, aber auch wann es besser ist, sich Unterstützung zu suchen.

Dieser Ratgeber soll Sie für das Thema Suchmaschinenoptimierung öffnen und Ihnen den Einstieg in eine vielleicht noch neue Thematik erleichtern. Es soll Lust auf SEO wecken und Sie anregen, einfach loszulegen, durch „learning by doing" nachhaltige erkennbare Erfolge zu erzielen und neue Kunden zu gewinnen.

Ich wünsche Ihnen von Herzen ein gutes Gelingen.

Herzliche Grüße

Silvia Kohring
www.seo-hd.de

1. Das ist Suchmaschinen-optimierung

Die meisten von uns nutzen Suchmaschinen wie Google & Co. täglich. Die Ergebnisse unserer Suchabfragen entscheiden über unser (Kauf-)Verhalten. Daraus lässt sich leicht ableiten, wie wichtig es ist, die eigene Website so zu optimieren, dass sich diese im Internet entsprechend gut positioniert. Suchmaschinenoptimierung (SEO) bietet hierfür eine Vielzahl an Möglichkeiten – auch zum Selbermachen.

> **Definition:** Zu SEO zählen alle Maßnahmen, Strategien und Taktiken, die dazu führen können, dass eine Website prominenter in den Suchergebnissen der Suchmaschinen positioniert wird.

1.1 Warum Suchmaschinenoptimierung so wichtig ist

Bei der Suchmaschinenoptimierung geht es darum, dass eine Website von Suchmaschinen wie Google, Bing, Blink, Ecosia und Co. besser gefunden und möglichst weit oben in den organischen Suchergebnissen angezeigt wird. Organische Suchergebnisse sind die Ergebnisse, bei denen es sich nicht um Anzeigen-Werbung handelt, die also nicht gekauft sind.

Die Sichtbarkeit in den organischen Rankings ist nachhaltig und von Dauer. Bezahlte Anzeigen hingegen verschwinden aus den Suchergebnissen, sobald das veranschlagte Budget aufgebraucht oder die Kampagne abgelaufen ist. Im Gegensatz zu bezahlten Anzeigen greifen SEO-Maßnahmen meist erst nach einiger Zeit. Dafür sind die Erfolge jedoch von Dauer. Über Nacht von Position 52 143 auf 3 zu kommen, gelingt also kaum. Etwas Geduld an dieser Stelle zahlt sich aus.

In der Regel klicken wir bei der Google-Suche auf Suchergebnisse, die wir auf der ersten Seite angezeigt bekommen. Manchmal arbeiten wir uns noch durch Seite 2, aber – beobachten Sie sich hier ruhig selbst – nur sehr selten geht unsere Suche darüber hinaus.

Wir vertrauen also darauf, dass die Ergebnisse, die wir von den Suchmaschinen auf Seite 1 angezeigt bekommen, am besten zu uns passen. Natürlich wissen wir, dass dies nicht unbedingt den Tatsachen entspricht, aber – sei es aus Zeitmangel oder aus Bequemlichkeit – in der Regel geben wir uns mit den vorgeschlagenen Ergebnissen zufrieden.

Wir klicken also vor allem an, was wir durch einfaches Suchen finden, und das, was wir nicht schnell genug finden, wird nicht geklickt. Eigentlich ist das schade, aber leider Realität.

Jetzt nehmen wir an, Ihr eigener Internetauftritt gefällt Ihnen optisch gut. Wenn Sie nach Ihrem Angebot suchen, finden Sie sich jedoch bei Google weder auf Seite 1 noch auf Seite 2 oder 3. Im schlimmsten Fall tauchen Sie in den Suchergebnissen erst gar nicht auf. Das ist frustrierend und kostet Sie mit hoher Wahrscheinlichkeit Kunden und Geld.

Vielleicht wundern Sie sich auch über die schlechte Platzierung und können nicht nachvollziehen, warum das so ist. Die Seite sieht modern aus, sie ist vielleicht sogar neu erstellt worden und hat richtig Geld und Zeit gekostet. Eigentlich sollte das passen. Warum also performt die Website so schlecht?

Websites werden mithilfe von SEO besser im Internet gefunden. Sichtbarkeit in den organischen Suchergebnissen ist nachhaltig. Anzeigen verschwinden, sobald das Budget aufgebraucht ist. Suchergebnisse ab Seite 2 werden weniger bis gar nicht angeklickt. Technik, Keywords, Inhalte, Bilder, Verlinkungen, Nutzererfahrungen und Geduld sind Bestandteile einer erfolgreichen SEO-Strategie.

1.2 So funktioniert Suchmaschinen-optimierung

An dieser Stelle kommt die Suchmaschinenoptimierung ins Spiel. SEO bietet Ihnen gleich ein ganzes Potpourri an Möglichkeiten, die Position (das Ranking) Ihrer Website in den Suchmaschinenergebnissen bei Google & Co. zu verbessern.

Gutes SEO beinhaltet Strategien, die es ermöglichen, auf einer möglichst optimalen Position in den Suchmaschinen vertreten zu sein. Zu diesen Maßnahmen gehören unter anderem:

- eine zeitgemäße Technik
- relevante Suchbegriffe (die sogenannten Keywords)
- gute Inhalte (Content)
- Bilder-Optimierung/Bilder-SEO
- interne und externe Verlinkungen
- Backlinks
- Geduld

Suchmaschinen wie Google, Bing & Co. sind ohne Unterbrechung auf der Suche nach Inhalten im Internet unterwegs. Sie nutzen hierzu eine Art technischer Spürhunde, sogenannte **Crawler** (auch Bots oder Spider genannt), die jede gefundene Webseite indexieren (Aufnehmen von Webseiten in das Verzeichnis von Suchmaschinen) und abspeichern.

Bieten Sie einen „Brötchenservice auf Helgoland" an und ein Nutzer sucht nach „Brötchenservice auf Helgoland", ruft der Crawler alle Ergebnisse dieser Suchanfrage ab und präsentiert diese in den Suchergebnissen. In der Regel erscheint dann die Seite, die am meisten Relevanz für die Suchanfrage hat, an vorderer Stelle in den Suchergebnissen (das sind die sogenannten organischen Suchergebnisse).

Diese Vorgehensweise zu verstehen, ist der erste Schritt, sich bewusst zu machen, wie wichtig es ist, bei der inhaltlichen Gestaltung der Webseite die passenden Begrifflichkeiten (Keywords) zu nutzen.

Crawler   Speichert Ergebnisse   Suchanfrage   Sortierung nach Relevanz   Suchergebnisse

Crawler durchforsten das Internet und indexieren Inhalte. Webseiten mit Inhalten, die zu einer Suchanfrage passen, stehen in den Suchergebnissen vorne. Die richtigen Keywords zu finden, bildet die Basis für SEO.

1.3 Google und andere Suchmaschinen

Wie Sie wohl richtig vermutet haben, nutzen weltweit die meisten Menschen Google für ihre Suchanfragen. Der Marktanteil von Google ist mit über 90 % erdrückend hoch, und als ernst zu nehmende Mitbewerber gelten nur noch Bing und Yahoo. Trotzdem gibt es eine Vielzahl von Suchmaschinen, die alternativ verwendet werden. Immer mehr Menschen entscheiden sich zum Beispiel aus Gründen des Datenschutzes oder aus ökologischen Gesichtspunkten für eine Google-Alternative. Sogar für Kinder gibt es eigene Suchmaschinen.

Erfreulicherweise funktioniert SEO auch mit allen anderen Suchmaschinen. Für welche Sie sich auch entscheiden, die wichtigsten Kriterien sind ähnlich. Immer geht es darum, den Nutzer mit einzigartigem und informativem Inhalt zufriedenzustellen.

Alternative Suchmaschinen neben Google, Bing und Yahoo und deren Besonderheiten:
- DuckDuckGo (Datenschutz)
- Blinde-Kuh (für Kinder)
- Ask (benutzerfreundlich)
- Startpage (Datenschutz)
- Ecosia (CO_2-neutral)
- Search Encrypt (löscht Browserverlauf nach 15 Minuten)
- Disconnect Search (erlaubt anonyme Suchen über eine Suchmaschine nach Wahl)
- MetaGer (gemeinnützige Organisation)

Da alternative Suchmaschinen oftmals nicht auf die Standorte der Nutzer zurückgreifen oder deren Daten speichern, funktioniert die **lokale Suche** etwas anders. Auf Datenschutz bedachte Suchmaschinen schätzen anhand der IP-Adresse nur grob ein, wo sich der Nutzer befindet. Ist Ihr Unternehmen also überwiegend lokal tätig, empfiehlt es sich, die Ortsangabe (also beispielsweise Ihre Stadt oder Ihr Stadtteil) und Ihre Anschrift auch im inhaltlichen Teil Ihrer Website zu verwenden.

> **Gut zu wissen:** Sollten Sie Google eher ablehnend gegenüberstehen, so stellt dies für eine erfolgreiche Optimierung Ihrer Website kein Hindernis dar. Google dient uns lediglich als eine Art Referenz-Suchmaschine. Wer auf Google, Bing & Co. gut gefunden wird, den findet man auch auf alternativen Suchmaschinen.

Aufgabe: Überlegen Sie sich, wo auf Ihrer Website Sie Angaben über Ihren Unternehmensstandort sinnvoll ergänzen können. Überprüfen Sie alternative Suchmaschinen auf Ihre Sichtbarkeit hin, insbesondere im lokalen Umfeld.

So funktionieren Suchmaschinen:

- Die Crawler der Suchmaschinen durchforsten das Internet nach Inhalten und speichern diese ab.
- Auf Suchanfragen werden zu den verwendeten Suchbegriffen passende Suchergebnisse ausgespielt.
- Je besser die Webseite zur Suchanfrage passt, umso prominenter wird diese in den Suchanfragen platziert.
- Nur wenige User klicken Ergebnisse an, die nicht auf der ersten Seite stehen.
- Keyword-Recherche ist die Basis für gelungene Suchmaschinenoptimierung.
- Es gibt Alternativen zu Google, die mehr auf Datenschutz achten, besonders für Kinder geeignet oder CO_2-neutral sind.
- SEO greift bei allen Suchmaschinen, das Verwenden von Google ist kein Muss, Unterschiede sind bis auf lokales SEO gering.

„Do it yourself" oder doch lieber machen lassen?

Ist es clever, komplett auf Unterstützung zu verzichten?

Welche Möglichkeiten zur Zusammenarbeit gibt es?

2. SEO: Selbst machen oder helfen lassen

Die Versuchung mag groß sein, alles allein machen zu wollen. Doch wäre die Entscheidung „Hundert Prozent selber machen" wirklich sinnvoll und von Erfolg gekrönt? Oder kostet sie letztendlich nur Nerven, Zeit und Geld? Wir alle haben unsere Stärken und Schwächen. Es gilt herauszufinden, worin diese im Bereich SEO und der Optimierung der Website liegen. Wer hier Klarheit gewonnen hat, dem wird die Entscheidung „abgeben oder selbst machen" nicht schwerfallen.

2.1 Vieles können Sie selbst machen ...

Es gibt einige Gründe, warum es sich lohnt, bei der Such-maschinenoptimierung selbst Hand anzulegen. Einer der wichtigsten Gründe ist: Sie kennen Ihr Angebot, Ihre Produkte oder Ihre Dienstleistung am besten. Niemand hat so tiefe Einblicke in Ihr Angebot oder Unternehmen wie Sie selbst. Egal ob Sie Steuerberater, Pizzabäcker oder Coach sind, Kosmetik herstellen, einen Handel betreiben oder einen Unverpacktladen führen, Sie alle haben ein Ziel: Sie möchten Erfolg mit Ihrem Unternehmen haben und sind überzeugt, Ihr Produkt oder Ihre Dienstleistung ist auf sei-ne ganz besondere Weise einzigartig. Zudem kennen Sie Ihre Mitbewerber und die Vorteile Ihres Angebots gegenüber deren Angeboten am besten. Davon gehen wir jetzt einfach aus, denn sonst würden Sie Ihr Geschäft wohl nicht führen.

Wenn Sie aber der Mensch sind, der sein eigenes Busi-ness am besten kennt, warum geben Sie dann ausgerechnet die Optimierung Ihrer Website aus der Hand? **Ihre Website verkörpert nicht nur ein Geschäft, sie steht wie ein Spiegel auch für Sie, für Ihre Emotionen, für Ihre Begeisterung über das, was Sie tun oder anbieten.** Und Ihre Website soll Ihnen, wenn es gut läuft, auch Ihren Lebensunterhalt sichern.

Die Optimierung Ihrer Website beinhaltet nicht nur technische Aspekte, für die tiefgehende Fachkenntnisse notwendig sind. Die Optimierung einer Website – Ihrer Website – besteht auch darin, sich in Ihr Produkt, Ihre Dienstleistung hineinzufühlen. Es geht auch darum, zu er-kennen, welche Zielgruppe, also welcher Personenkreis zu

Ihnen passt. Es gilt herauszufinden, mit welchen Formulierungen Sie Ihre Kunden ansprechen sollten. Wer könnte hierfür besser qualifiziert sein als Sie selbst? Selbst wenn Sie es vielleicht schon in der Schule nicht gemocht haben, Aufsätze zu schreiben, so sind Sie doch der Mensch, der am meisten Kenntnis über Ihr Geschäft und Ihre Kunden hat. Ihre Gedanken dann auszuformulieren, können Sie notfalls anderen überlassen.

> SEO-Umsetzungen sind machbar, und ein beachtlicher Teil davon kann in Eigenleistung erfolgen. Ein Fundament an Grundkenntnissen und die Bereitschaft, in Aktion zu kommen, machen dies möglich.

Das bedeutet nicht, dass SEO einfach ist. Ganz im Gegenteil. Aber da sich nicht jeder die Unterstützung einer SEO-Agentur leisten kann oder möchte, ist das Selbermachen eine Option, die zwar einerseits Ihre Zeit kostet, aber andererseits auch mehrere Tausend Euro an Agenturkosten sparen kann. Wichtig ist, dass Sie einschätzen können, was Sie selbst praktisch umsetzen können, aber auch was Sie nicht können oder möchten.

Google betont immer wieder, dass es vorrangig um die Qualität der Inhalte geht, um das Begeistern der Seitenbesucher und darum, einen Mehrwert zu bieten. Und genau hier kommen wieder Sie ins Spiel.

Unter anderem diese SEO-Maßnahmen werden Sie lernen und umsetzen können:
- Ihre Zielgruppe definieren
- Die richtigen Keywords herausfinden und verwenden

- Einzigartige Inhalte formulieren
- Lernen, was eine Meta Description und ein Title Tag sind und diese selbst erstellen
- Bilder für Suchmaschinen lesbar machen
- Eine korrekte Überschriftenstruktur verwenden
- Interne Verlinkungen einsetzen

Es lohnt sich, Klarheit zu schaffen, was man selbst machen oder abgeben sollte. Zahlreiche SEO-Maßnahmen können auch ohne Vorkenntnisse erlernt und selbst umgesetzt werden.

2.2 ... und manchmal lohnt sich externe Hilfe

Auf Unterstützung sollten Sie bei der Optimierung Ihrer Website trotz allem Enthusiasmus aber nicht komplett verzichten. Stellen Sie sich vor, Sie bauen ein Haus. Sie sind handwerklich sehr geschickt und möchten so viel wie möglich selbst machen. Trotzdem werden Sie, vorausgesetzt Sie sind kein Elektriker, die Elektrik Ihres Hauses sicherheitshalber an einen Fachmann übergeben.

Mit Ihrer Website wird es sich ähnlich verhalten. Sie können viel selbst erledigen, doch wird es höchstwahrscheinlich Aspekte geben, die Sie nicht beherrschen oder zu denen Sie wenig Lust haben, sich entsprechende Kenntnisse anzueignen. Zudem können sich bedingt durch äußere Umstände Situationen ergeben, die es Ihnen unmöglich machen, sich selbst zu kümmern. Dabei muss es sich nicht einmal um Horrorszenarien handeln, es genügt, sich vorzustellen, Sie sind im Urlaub und ausgerechnet jetzt ist Ihr Einsatz notwendig. Und genau hier kommt kompetente Hilfe von außen ins Spiel, sei es für SEO oder die Website-Technik im Allgemeinen. Es ist äußerst beruhigend, zu wissen, dass es jemanden gibt, den man im Notfall zurate ziehen kann.

In Bezug auf SEO-Agenturen gibt es unterschiedliche Meinungen. Halten einige die Unterstützung durch externe Fachleute für überflüssig, schwören die anderen auf das geballte Fachwissen einer Agentur. Die Wahrheit liegt wie so oft in der Mitte. Es soll Agenturen geben, die zwar eine Website erstellen können, von SEO jedoch keine Ahnung haben und Suchmaschinenoptimierung teilweise noch dazu als völlig unnötig ablehnen – ich kann davon aus leidvoller und teurer Erfahrung ein Lied singen. Andererseits gibt es Agenturen und Freelancer, bei denen sich der Einsatz jedes einzelnen Cents vergoldet. Die Schwierigkeit liegt allerdings darin, ein solches „Sahneschnittchen" zu finden und dann auch noch bezahlen zu können.

SEO und Technik allein zu stemmen ist nicht immer die beste Entscheidung. Vieles kann selbst erlernt und umgesetzt werden; doch unter anderem für Notfälle lohnt es sich, vorab für zuverlässige Unterstützung gesorgt zu haben.

2.3 Zusammenarbeit mit einem Dienstleister

Die Optimierung der Website selbst in die Hand zu nehmen, bedeutet nicht, SEO und Technik komplett allein stemmen zu müssen. Es gibt unterschiedliche Möglichkeiten, mit einer Agentur oder einem Freelancer zusammenzuarbeiten und trotzdem einige Bereiche in Eigenregie abzudecken. Egal, wie Sie sich entscheiden, wichtig ist, eine gemeinsame Grundlage für eine Zusammenarbeit zu finden, die für beide Seiten passt und die auf Vertrauen basiert. Betrachten Sie sowohl Ihren SEO-Dienstleister als auch Ihre technische Unterstützung als mit erfolgsentscheidend. Wenn Ihre SEO-Betreuung von Ihrem Produkt/Ihrem Angebot oder von SEO selbst nichts versteht oder wenn Ihre technische Unterstützung nur schlecht erreichbar ist, sollten Sie eine Zusammenarbeit überdenken.

Sie dürfen jedoch aufatmen, wenn Sie verlässliche Experten gefunden haben, denen Sie vertrauen, die gern für Sie tätig und Spezialisten in ihrem jeweiligen Fachgebiet sind.

Der Beginn einer Zusammenarbeit

In der Regel beginnt die Zusammenarbeit mit einer SEO-Agentur mit einer **Analyse** der Website. Diese Analyse sollte möglichst verständlich aufzeigen, wo der Optimierungsbedarf der Website liegt und welche Maßnahmen priorisiert und welche eventuell zunächst vernachlässigt werden können. Eine solche Analyse, die durchaus einen Umfang von 30 oder mehr Seiten haben kann, sollte alle relevanten Aspekte rund um die Suchmaschinenoptimierung abdecken.

Eine Analyse allein bewirkt jedoch noch keine Veränderung, ebenso wenig, wie das Kaufen von teuren Laufschuhen automatisch die Fitness steigert. In der Regel ist der Kunde, also Sie selbst, für die Umsetzung der empfohlenen Maßnahmen verantwortlich. Gelingt Ihnen die Umsetzung, so können Sie sich voraussichtlich nach einiger Zeit auf eine Verbesserung des Rankings Ihrer Website freuen. Gelingt Ihnen die Umsetzung nicht oder nur teilweise, werden messbare Erfolgserlebnisse wahrscheinlich länger auf sich warten lassen oder bleiben sogar ganz aus.

SEO komplett an einen Dienstleister übertragen

Sie können einem Freelancer oder einer SEO-Agentur die komplette Optimierung Ihrer Website übertragen. Dies kostet je nach Umfang der Arbeiten entsprechend viel Geld und setzt auch das Vertrauen voraus, der Agentur Zugang zum Herzen der Website, dem CMS (Content-Management-System), zu geben. Verträge auf Erfolgsbasis gibt es kaum, und seriös arbeitende Agenturen bieten keine Erfolgsgarantie an, auch wenn sich Erfolge beim Einsatz von SEO-Experten in vielen Fällen einstellen werden.

Hand in Hand mit Experten

Eine interessante Idee ist, dass Sie mit der Agentur Hand in Hand arbeiten. Sie haben sich bereits mit den Grundlagen der Suchmaschinenoptimierung befasst, und die erworbenen Kenntnisse ermöglichen es Ihnen, Vorarbeit zu leisten und sich nur in Teilbereichen Unterstützung zu suchen. Durch die Zusammenarbeit mit der Agentur sichern Sie sich die

Unterstützung der Profis, sparen aber durch Ihre Eigenleistung Geld. Eine Variante, die sich mit dem Bau eines Eigenheims vergleichen lässt. Was man kann und wofür man Zeit hat, macht man selbst, anderes übergibt man an Profis.

Die Tücken der Technik

Ein weiterer Gesichtspunkt, warum sich der Einsatz einer Agentur oder auch eines einzelnen Fachmanns/einer Fachfrau lohnen kann, sind die technischen Herausforderungen, die eine Website so mit sich bringen kann.

Unabhängig davon, ob Sie Ihre Seite mithilfe eines Baukastensystems selbst erstellt, ob Sie einen Webdesigner oder eine Agentur mit der Entwicklung Ihrer Website beauftragt haben, irgendwann werden Sie aller Wahrscheinlichkeit nach das Bedürfnis nach (technischer) Unterstützung verspüren, und für diesen Zeitpunkt sollten Sie gerüstet sein.

Suchen Sie sich früh genug einen Spezialisten, der sich mit Ihrem Content-Management-System (WordPress, Typo3 etc.) gut auskennt und an den Sie sich im Notfall vertrauensvoll wenden können. Wenn dieser auch noch SEO-Kenntnisse besitzt, umso besser.

Fazit: Jeder Website-Betreiber profitiert von Kenntnissen über Suchmaschinenoptimierung. Dabei ist es gleichgültig, ob Sie Optimierungsmaßnahmen selbst durchführen oder diese von Profis umsetzen lassen. Sollten Sie sich nach dem Lesen dieses Buches also dafür entscheiden, erst einmal nicht selbst tätig zu werden, sind Sie durch Ihr Wissen für die Zusammenarbeit mit Agenturen besser gerüstet. Es ist stets hilfreich, sich im Fall einer Entscheidungsfindung mit einem Thema auseinandergesetzt zu haben.

Faktoren, die zur Entscheidungsfindung beitragen

Haben Sie als Unternehmer ein entsprechendes Budget, keine zur Verfügung stehenden Mitarbeiter mit entsprechenden Kenntnissen, haben Sie selbst keine Zeit, die Sie in SEO investieren möchten oder können, dann sollten Sie zumindest für Teilbereiche die Beauftragung einer seriösen Agentur oder eines Freelancers in Betracht ziehen.

Ist Ihr Budget begrenzt und haben Sie oder Ihre Mitarbeiter die zeitlichen Kapazitäten, sich mit SEO zu beschäftigen, dann könnte Selfmade die richtige Entscheidung für Sie sein.

Viele SEO-Maßnahmen lassen sich erlernen und umsetzen. Es gilt, die Balance zwischen „selbst machen" und „machen lassen" zu finden.

- Sich rechtzeitig professionelle Unterstützung zu sichern, lohnt sich in den Bereichen, in denen Sie sich nicht auskennen, Sie oder Ihre Mitarbeiter keine Zeit dazu haben und wenn Ihnen ausreichend finanzielle Mittel zur Verfügung stehen.
- Selbst machen bietet sich an, wenn Ihnen wenig oder kein Budget zur Verfügung steht, Sie zeitliche Kapazitäten und Interesse haben.
- Eine Kombination zwischen „machen lassen" und „selbst machen" kann die ideale Lösung sein.

Sind Sie mit sich und Ihrem Angebot im Reinen?

Seite 28

Kennen Sie Ihre Zielgruppe wirklich?

Seite 35

Wie finden Sie die richtigen Keywords?

Seite 37

3. Klärungsfragen, die sich lohnen

Jetzt geht es ans Eingemachte. Es geht um Sie, Ihr Produkt, Ihre Ziele ... und ob da wirklich alles so ist, dass Sie mit Freude und einem guten Gefühl dahinterstehen können. Kritische Klärungsfragen sind an dieser Stelle zielführend, denn ein Gemischtwarenhandel ist online riskant. Lernen Sie Ihre Kunden näher kennen und überzeugen Sie diese durch gekonntes Storytelling und gute Inhalte auf Ihrer Website. Keywords sind wichtig und spielen eine große Rolle. Finden Sie mithilfe von kostenlosen Tools die passenden Suchbegriffe für Ihre Texte.

3.1 Klare Ziele, klarer Auftritt

Unabhängig davon, ob Sie Ihre Internetpräsenz vollständig neu aufbauen oder diese nur überarbeiten möchten, stellt sich die zentrale Frage, was Sie mit Ihrem Unternehmen konkret anbieten oder zukünftig anbieten wollen ... und ob Ihr Angebot (noch) zu Ihnen passt.

Ändert sich zum Beispiel das Geschäftsmodell oder performt die Website nicht, wie sie sollte, dann ist es Zeit, die Unternehmenswebsite nicht nur technisch, sondern auch inhaltlich zu hinterfragen und entsprechend zu agieren.

Aber auch, wenn Sie gerade erst mit Ihrer unternehmerischen Tätigkeit beginnen und dabei sind, Ihren Internetauftritt zu konzipieren, ist jetzt der richtige Zeitpunkt dafür.

Gründe für eine kritische Betrachtung der vorhandenen oder in Planung befindlichen Website können also u. a. sein:

- Sie haben neue Produkte, Angebote oder Dienstleistungen.
- Sie sind in der Gründungsphase Ihres Unternehmens.
- Das eigene Image passt nicht mehr.
- Die Zielgruppe hat sich verändert.
- Das Onlinegeschäft erzielt keine Erfolge.
- Die Website ist technisch und inhaltlich nicht up to date.
- Die Internetseite ist optisch nicht (mehr) attraktiv.
- Ihre Mitbewerber haben gefühlt mehr Erfolg als Sie.

Aufgabe: Werfen Sie einen kritischen Blick auf Ihr Angebot. Was ist Ihnen besonders wichtig? Falls bereits vorhanden, werfen Sie einen Blick auf Ihre Website. Was gefällt Ihnen? Fragen Sie sich dabei, ob Sie Ihren Internetauftritt bei einer

Präsentation vor großem Publikum vorstellen möchten. Hinterfragen Sie sich, ob sich das gut für Sie anfühlt. Wie sehen Sie sich selbst auf der Bühne stehen? Mit stolzgeschwellter Brust, oder fühlt sich das Vorstellen Ihrer Unternehmenswebsite möglicherweise sogar unangenehm an?

An dieser Stelle sind **Selbstreflexion, Ehrlichkeit** und auch **Mut** die Mittel der Wahl. Die Unternehmenswebsite und deren Inhalte spiegeln zu einem nicht unerheblichen Teil Ihre Persönlichkeit wider. Sollten Sie erkennen, dass hier etwas nicht (mehr) passt, dann kann das einen schmerzhaften, aber wohltuenden und letztlich gewinnbringenden Veränderungsprozess auslösen.

Aufgabe: Notieren Sie ggf. Gründe, warum Sie sich mit Ihrer Internetseite nicht mehr wohlfühlen. Ermitteln Sie zunächst, was Sie an Ihrem Unternehmensauftritt am meisten irritiert. Möglicherweise bemerken Sie, dass Sie sich als „Gemischtwarenladen" präsentieren. Vielleicht möchten Sie sich in Wirklichkeit lieber auf eine Sache konzentrieren, um zufrieden und erfolgreicher zu sein.

Beispiel 1: Nehmen wir an, Sie sind Gastwirt. Ihre Speisekarte hat Buchformat und bietet Gerichte aus aller Welt an. Sie kochen jedoch mit Vorliebe italienische Gerichte. Da sind Sie richtig gut, haben Freude am Zubereiten, Ihre Gäste sind begeistert und auch der Umsatz passt.

Beispiel 2: Nehmen wir an, Sie sind ein Coach, selbst hochsensibel und richtig gut im Umgang mit hochsensiblen

Coachees. Auf Ihrer Website bieten Sie aber unter anderem auch Führungskräftetrainings und Vertriebscoachings an. Beides war noch nie Ihr Ding, könnte aber Geld bringen (so hatten Sie sich das jedenfalls erhofft).

Tipp: Bei der Beantwortung Ihrer Klärungsfragen kann Ihnen die Stärken-Schwächen-Analyse Hilfestellung bieten. Notieren Sie die Stärken und Schwächen Ihres Angebots und Ihrer Webpräsenz. Hierbei geht es zwar auch um das Erkennen von optischen und technischen Auffälligkeiten, vor allem aber um die selbstkritische Beurteilung Ihres Angebots, also um inhaltliche Aspekte.

Stärken	Schwächen

Ob Sie Gastwirt, Physiotherapeut, Coach oder Fahrradhändler sind – es geht bei der Optimierung Ihrer Website nicht nur um technische Features und die Einhaltung der bekannten Suchmaschinen-Richtlinien, sondern in der Außenwirkung um Beachtung der Bedürfnisse Ihrer Kunden und in der Innenwirkung um Sie selbst. Die Wichtigkeit dieser innerlichen Klärung wird oftmals unterschätzt. Natürlich ist es notwendig, strategische Ziele zu definieren sowie technische und optische Parameter festzulegen bzw. zu überarbeiten. Die Grundlage des Erfolgs einer späteren Suchmaschinenoptimierung ist jedoch zunächst die Auseinandersetzung mit Ihrem Angebot und damit mit Ihnen selbst.

Haben Sie diesen Schritt getan, sind Sie Ihrem Ziel, mit Ihrer Website Erfolge zu erzielen, einen enormen Schritt näher gekommen. Sie optimieren jetzt nämlich nicht mehr blind jede schon vorhandene Seite, stattdessen selektieren Sie und wissen ziemlich genau, was zu Ihnen passt und was eventuell überhaupt nicht mehr geht. Das macht Ihr Geschäft nicht nur für Sie selbst, sondern auch für Ihre Kunden attraktiver. Denn nur wenn Sie selbst davon überzeugt sind, können es auch Ihre Kunden sein.

Anschließend die strategischen Ziele Ihrer Website festzulegen, ist nach dieser Leistung fast schon ein Kinderspiel.

Die strategischen Ziele Ihrer Suchmaschinenoptimierung können sein:

- Höhere Kundenbindung
- Präsentation wichtiger (Produkt-)Informationen und Inhalte
- Generierung von Anfragen und Onlinekäufen
- Sammeln von Kundenfeedback und Bewertungen
- Steigerung des Umsatzes
- Bekanntmachung der eigenen Marke
- Abgrenzung zum Wettbewerb
- usw.

Aufgabe: Definieren Sie noch weitere Ziele, die Ihnen wichtig sind. Versuchen Sie sich von allzu Gängigem, von Pseudozielen und abgedroschenen Phrasen zu lösen. Formulieren Sie objektiv, konkret und quantitativ. Bleiben Sie dabei aber immer realistisch.

Beispiel: Sie sind Inhaberin einer Tanzschule im ländlichen Raum und wünschen sich neue Kunden. Nun konkretisieren Sie: Um welche neuen Zielgruppen (z. B. Senioren oder Teenager) geht es Ihnen? Um wie viel Prozent möchten Sie Ihren Kundenstamm vergrößern und in welchem Zeitraum? Wenn Sie an Größenordnungen von 50 % oder gar 100 % denken, sollten Sie genau überlegen, ob dieses Ziel generell realistisch ist, um spätere Enttäuschungen zu vermeiden.

Der „Gemischtwarenladen" funktioniert online nicht

Wir kennen sie alle, die Gemischtwarenhändler, die alles führen. In der Realität sind sie in den Straßen unserer Städte mittlerweile (leider) so gut wie ausgestorben. Im Internet findet man sie noch, oder man findet sie eben nicht, denn der kleine „Gemischtwarenladen" geht in der virtuellen Welt in der Masse der Angebote meist erfolglos unter.

Beispiel: Ein Reisebüro, spezialisiert auf Expeditionsreisen zu aktiven Vulkanen, sollte sich daher gut überlegen, ob es auf seiner Website auch ein Sammelsurium an Pauschalreisen von der Stange anbietet. Zum einen werden die Seitenbesucher verwirrt, aber auch die Crawler der Suchmaschinen können den Schwerpunkt der Seite nicht erkennen.

Die Angst, durch eine Spezialisierung Kunden zu verlieren, ist oft groß. Denn tatsächlich kann das Reisebüro natürlich viel mehr, als „nur" Expeditionsreisen zu verkaufen. Hier unterscheiden sich jedoch Onlinegeschäft und Vorortgeschäft beträchtlich. Um im Internet gefunden zu werden, muss der inhaltliche Schwerpunkt der Internetpräsenz für Seitenbesucher und Suchmaschinen klar zu erkennen sein.

Inhalte sollten fundiert, interessant, informativ und einzigartig sein. Und genau hier liegt die Schwierigkeit des zu breit aufgestellten Internetangebotes.

In der Realität ist es online schlichtweg unmöglich, alles zu verkaufen und alle zu erreichen – außer natürlich, man gehört zu den ganz großen Playern wie Amazon & Co. Sinnvoller ist es meist, sich auf sein Steckenpferd, seine Schwerpunkte zu konzentrieren, also auf das, was man am besten kann. Je einzigartiger und klarer das eigene Angebot, je größer der individuelle Expertenstatus und das Alleinstellungsmerkmal des Angebots, umso größer sind die Erfolgsaussichten der Website-Optimierungsmaßnahmen.

Mitbewerber für „Expeditionsreisen zu den gefährlichsten Vulkanen dieser Welt" wird es nicht allzu viele geben. Dadurch wird es einfacher, das Thema optimal zu positionieren. Anbieter für eine Pauschalreise auf die Kanaren findet man hingegen unzählige – sie gehen online in der breiten Masse unter.

Und mal ehrlich: Wem vertrauen Sie mehr? Dem Experten, der durch sein Fachwissen überzeugt und der unbezahlbare Insidertipps auf Lager hat, oder dem Tausendsassa, der alles hat und vielleicht doch nichts kann?

Weniger ist oft mehr oder wie schon Robert Bosch sagte: *„Allen Leuten recht getan, ist eine Kunst, die niemand kann."* Machen Sie sich also frei von dem Anspruch, alle Kunden erreichen zu wollen. Konzentrieren Sie sich auf die, die zu Ihnen und Ihrem Angebot passen. Präsentieren Sie Ihr Angebot online entsprechend. Damit haben Sie gute Chancen, Ihre Zielgruppe zu erreichen. Und behalten Sie im Hinterkopf: Wer dieses Jahr einen Vulkan besteigt, fliegt nächstes Jahr vielleicht auf die Kanaren. Online sollten Sie sich spezialisieren, auch wenn Sie „alles" können. Denn: Wenn Sie den „Fisch" erst einmal am Haken haben, bleibt er Ihnen für gewöhnlich treu.

Um mit der Webpräsenz den größtmöglichen Erfolg zu erzielen, ist es notwendig, diese im Vorfeld nicht nur technisch und optisch kritisch zu betrachten. Sie sollten sie auch inhaltlich analysieren und sich darüber hinausgehend zusätzlich hinterfragen, ob das eigene Angebot noch stimmig ist. Gemischtwarenläden sind online meist nicht zielführend.

3.2 Die Zielgruppe genau kennen

Jede Optimierung Ihres Angebots und Ihrer Website basiert auf der genauen Kenntnis Ihrer Zielgruppe, deren Bedürfnissen und Sprachgebrauch. Hierfür müssen Sie nicht unbedingt eine teure Marktanalyse erstellen lassen, das machen Sie selbst.

Wenn Sie Ihre Kunden verstehen, erleichtert Ihnen das nicht nur Ihr tägliches Arbeiten, sondern wirkt sich auch auf Ihren Unternehmenserfolg aus. Versetzen Sie sich in Ihre Zielgruppe und bestimmen Sie zunächst die sogenannte Persona. Eine Persona bildet einen typischen Vertreter Ihrer Zielgruppe ab. Man könnte auch sagen, die Persona ist der Prototyp Ihrer Zielgruppe.

Aufgabe: Definieren Sie einige Parameter wie:
- Wohnort und Lebenswelt (urban, ländlich)
- Alter
- Geschlecht
- Familienstand
- Beruf und Einkommen
- Interessen
- Ausbildung
- Hobbys
- Digitale Erfahrung

Überlegen Sie sich anhand der von Ihnen erstellten Notizen: Was könnte Ihre Zielgruppe im täglichen Leben frustrieren? Wie sieht der Alltag Ihrer Zielgruppe aus? Welche Ängste, Sorgen und Bedürfnisse haben Ihre Kunden? Warum ist Ihr Angebot für Ihre zukünftige Kundschaft interessant?

Es lohnt sich, noch praxisnaher vorzugehen und die Zielgruppe direkt anzusprechen. Umfragen, Interviews oder Gespräche mit echten Menschen kosten möglicherweise Überwindung, sind aber enorm wertvoll.

Die Zielgruppe passend ansprechen

In diesem Zusammenhang wird deutlich, dass Menschen mit unterschiedlichen Bedürfnissen auch unterschiedlich angesprochen werden möchten. Der Pauschalurlauber auf die Kanaren erwartet beim Besuch der Website eine andere Ansprache und andere Inhalte als der abenteuerlustige Vulkanbesteiger. Achten Sie also auf das richtige Wording und wählen Sie Formulierungen, die zu Ihren Kunden passen. Der Abenteurer wird sich nicht am „du" stören, das Rentnerehepaar könnte irritiert sein oder erkennen, dass Sie wohl eher nicht zueinanderpassen.

> Gute und in der Sprache des Kunden formulierte Inhalte erreichen die gewünschte Zielgruppe. Allgemeine Phrasen hingegen niemanden.

Aufgabe: Überlegen Sie sich, wie Ihre Zielgruppe am liebsten angesprochen werden möchte und welches Ihrer Angebote am besten zu ihr passt bzw. welches eher nicht. Notieren Sie sich das Ergebnis. Kann da vielleicht etwas weg?

Um über die Website zum Unternehmen passende Kundschaft erfolgreich anzusprechen, ist das Kennen der Zielgruppe unabdingbar. Das Erstellen von Personas und das Verständnis für die Kundschaft bieten wertvolle Unterstützung.

3.3 Passende Keywords für packende Inhalte

Keywords sind Schlüsselbegriffe und ein wichtiger Bestandteil jeder Suchmaschinenoptimierung. Die schönste Internetseite und seitenlanger Inhalt nützen nichts, wenn nicht auch die Begrifflichkeiten verwendet werden, nach denen Kunden suchen. Keywords sind Suchbegriffe, Schlagworte oder Stichwörter, die aus einem oder mehreren Wörtern, Phrasen oder sogar kompletten Fragen gebildet werden. Solche Keywords werden vom Suchenden in das Suchmaschinenfeld der Suchmaschine eingegeben.

Es gibt verschiedene Arten von Keywords, diese sind unter anderem:

Shorttail	Longtail	Firmenname	Geo	Money
Fahrradhändler	Lastenfahrrad mit Motor für Wocheneinkauf	Babboe Lastenräder	Lastenrad Karlsruhe	Lastenfahrrad kaufen

Keywords signalisieren der Suchmaschine, was auf der Website angeboten wird und zu welchen Suchanfragen die Seite den idealen Inhalt bietet.

Die Suchmaschinen gleichen nach dem Absenden der Anfrage das Keyword oder die Keywords ab und präsentieren das Ergebnis in der Suchergebnisseite.

Das Ziel ist es, für jede Seite der Website die Keywords zu finden, die die Suchintention der möglichen Kunden am besten abdecken.

Im ersten Schritt sind also die Keywords zu identifizieren, die am besten zum Themenumfeld passen. **Aber wie geht das**?

Eine einfache Möglichkeit, um herauszufinden, nach welchen Begriffen tatsächlich gesucht wird, ist, **Google Suggest** zu verwenden.

Sobald man etwas in das Google-Suchfenster eingibt und die Anfrage abschickt, schlägt Google automatisch weitere Wortkombinationen vor. Die Autocomplete-Funktion (automatische Vervollständigung) von Google schlägt also vor, nach was andere User bereits gesucht haben. Gibt man in das Google-Suchfenster beispielsweise „Stress" ein, empfiehlt Google automatisch Begriffe, die für andere Nutzer ebenfalls interessant waren.

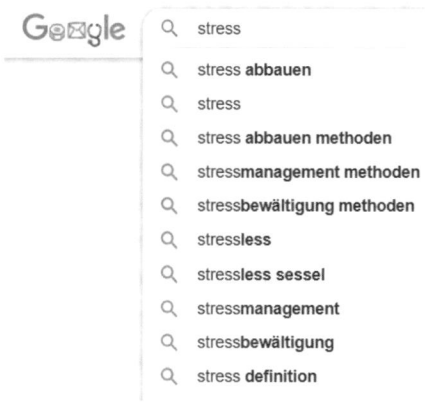

Wird die Suchanfrage dann abgeschickt, erscheinen bei den Suchergebnissen zusätzlich „konkrete Fragestellungen" rund um das gesuchte Thema. Auch diese Fragen können sowohl für die Keyword-Recherche als auch für die Formulierung von Inhalten äußerst hilfreich sein.

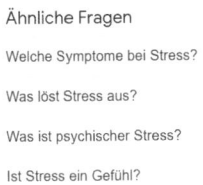

Zusätzlich werden auch verwandte Suchanfragen aufgezeigt, die ebenfalls gute Hinweise geben, welche Fragestellungen für mögliche Kunden von Belang sein könnten.

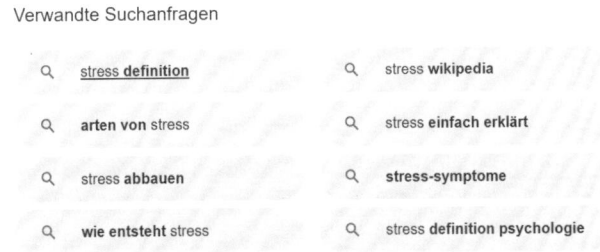

Neben Google Suggest gibt es noch andere kostenfreie Möglichkeiten, Ideen für Keywords zu entdecken.

Linktipps:
Keyword.io: https://www.keyword.io/
Ubersuggest: https://neilpatel.com/de/ubersuggest/
Openthesaurus: https://www.openthesaurus.de/
Sistrix: https://app.sistrix.com/de/keyword-tool

Aufgabe: Die Basis einer Suchmaschinenoptimierung bildet die Identifikation der relevanten Suchbegriffe für Ihr Angebot. Notieren Sie sich Keywords, die zu Ihrem Angebot passen und die Ihre Kunden verwenden könnten, wenn sie nach Ihnen suchen. Zögern Sie nicht, auch Ihre Familie und Freunde zu fragen, wie diese Ihre Dienstleistung/Ihr Angebot im Internet suchen würden. Ein anderer Blickwinkel kann interessant und hilfreich sein.

Aufgabe: Probieren Sie die verschiedenen Möglichkeiten der Keyword-Recherche aus, notieren Sie sich die Ergebnisse. Verwenden Sie bei der Abfrage verschiedene Wortkombinationen. Notieren Sie sich auch hier die Ergebnisse.

Vorsicht: Nicht jeder Vorschlag ist für jedes Angebot sinnvoll. Hinterfragen Sie also, welche Keywords passend und welche für Sie nicht relevant sind.

Führen Sie etwa eine Hundepension, wäre es unklug, sich auf das Keyword „Hunde" zu konzentrieren, da Sie zu Recht vermuten, dass nach diesem Keyword sehr oft gesucht wird. Wer nach „Hund" sucht, möchte sich vielleicht über Hunderassen informieren oder auch Informationen nachschlagen, wie viele Hunde in Deutschland gehalten werden. Wer aber eine Hundepension in der Nähe seines Wohnorts sucht, sucht spezifischer.

Zwar werden spezifische Keywords ein niedrigeres Suchvolumen aufweisen, sie passen aber wesentlich besser zu der gestellten Suchanfrage und dadurch auch auf Ihr Unternehmen. Schließen Sie also nicht allein durch ein hohes Suchvolumen oder häufigen Gebrauch eines Begriffs auf die Wichtigkeit eines Keywords. Nutzen Sie keine Keywords ohne Zusammenhang mit Ihrer Website oder Ihrem Angebot. Haben Sie jetzt schon einige Keywords gefunden, überlegen Sie sich im nächsten Schritt semantisch verwandte Begriffe.

Wer eine Hundepension sucht, sucht vielleicht auch nach einem Hundehotel, einem Hundekindergarten, einer Hundetagesstätte, einer Huta oder einer Hundebetreuung.

Nutzen Sie auch hier zur Inspiration die Keywordtools und scheuen Sie sich nicht, auch im Freundeskreis nach Ideen zu fragen. Neben einzelnen, den generischen Keywords, wie „Hundepension", gibt es auch die sogenannten „Longtail-Keywords", die aus mehreren Wörtern bestehen. Im Fall der Hundepension könnte ein Longtail-Keyword „Hundepension bei Heidelberg" lauten.

Zwar wird nach dem Begriff „Hundepension" sehr viel öfter gesucht werden als nach „Hundepension bei Heidelberg". Für Ihre Hundepension in Heidelberg ist die zweite Suchanfrage jedoch wesentlich lohnender, da der User eine konkrete Absicht hat und Ihre Konkurrenz deutlich geringer sein dürfte. Ein sehr hilfreiches Tool, um die Interessen der Nutzer herauszufinden, ist das W-Fragen-Tool (https://www.w-fragen-tool.com/). Ein genialer Nebeneffekt ist, dass Sie die gefundenen Fragestellungen bei der Entwicklung Ihrer Website-Inhalte verwenden und die gestellten Fragen gezielt beantworten können.

Ein lustiges Tool, das Anregungen in Hülle und Fülle bietet, ist auch „Answer the Public". Die visuelle Darstellung ist grandios (https://answerthepublic.com/).

Da Sie jetzt wissen, wie man Keywords ermittelt, erfahren Sie nun, wo Sie diese jetzt einsetzen können.

Einsatzmöglichkeiten von Keywords:
- In Ihren Inhalten (Content)
- In der URL
- In der Domain
- In der Meta Description und im Title der Webseite
- In den Meta-Überschriften (H1-H6)

Inhalte und Website-Storytelling
Selbst wenn Sie so etwas Praktisches, Nüchternes und Langweiliges wie einen Staubsauger verkaufen, können Sie Ihre Kunden durch gelungenes Storytelling mitreißen. Erinnern Sie an Ihre Oma, die noch mit dem Handfeger bückend durch die Küche fegen musste und hinterher von einem Hexenschuss geplagt wurde, und bringen Sie dann Ihren Staubsauger ins Spiel, den überlässt die Oma nämlich jetzt den Enkeln, die mit diesem auf Krümeljagd gehen, während Oma bereits Kaffee trinkt.

Was immer Sie auch anbieten, wenn Storytelling für einen Staubsauger möglich ist, dann schaffen Sie das für Ihr Produkt auch. Storytelling erleichtert es Ihren Kunden, Ihr Angebot besser zu verstehen. Durch gelungenes Formulieren entsteht eine emotionale Bindung zu Ihrem Produkt und damit zu Ihrem Unternehmen. Um gute Inhalte zu erstellen, ist es wichtig, die Zielgruppe wirklich zu kennen. Erzählen Sie authentisch, berücksichtigen Sie die Bedürfnisse und Probleme Ihrer Zielgruppe. Präsentieren Sie mit

Ihrem Produkt eine Lösung. Denken Sie daran: Bei einer guten Story geht es weniger um das Produkt. Im Vordergrund stehen Ihre Geschichte und natürlich Ihre Zielgruppe. In diesem Zusammenhang sei auch erwähnt, dass automatisiert erstellte Inhalte weder den Seitenbesuchern noch den Suchmaschinen gefallen. Auch kopierte Inhalte oder Produktbeschreibungen, die auf vielen anderen Seiten verwendet werden, haben wenig Aussicht auf Erfolg.

Ihre Inhalte sollten immer einzigartig sein und zu Ihnen, Ihrem Angebot und zu Ihren Kunden passen. Storytelling an der richtigen Stelle weckt Emotionen und schafft Verbindung.

Haben Sie für sich selbst Klarheit geschaffen, finden Sie die passenden Worte für Ihre Zielgruppe.

- Suchmaschinenoptimierung beginnt mit kritischer Selbstreflexion und der Definition von Zielen.
- Durch das Erstellen von Personas wird die zum Angebot passende Zielgruppe ermittelt.
- Um die Zielgruppe passend anzusprechen, sollte auf entsprechendes Wording geachtet werden.
- Keywordrecherche ist die Grundlage jeder Optimierung. Achten Sie bei Ihren Formulierungen auf den Einsatz der passenden Keywords.
- Im Onlinegeschäft sind Spezialisierungen auf das Kernangebot ausschlaggebend und „Gemischtwarenläden" zu vermeiden.
- Seitenbesucher und Suchmaschinen lieben einzigartige Inhalte und gekonntes Storytelling.

Wie funktioniert SEO in der Praxis?

Seite 45

Wie geht Bilder-SEO?

Seite 63

Wie können Sie Ihren URLs Struktur beibringen?

Seite 67

4. Praxisarbeit im CMS

Und los geht's! Beginnen Sie mit den praktischen Umsetzungen direkt in Ihrem Content-Management-System. Mit welcher Optimierungsaufgabe Sie starten, ist irrelevant. Fangen Sie zur eigenen Motivation am besten mit dem Punkt an, der Ihnen am leichtesten fällt und am meisten Spaß macht.

4.1 Arbeiten im Content-Management-System CMS

Sie sind mittlerweile gut vorbereitet und können nun mit der praktischen Umsetzung beginnen. Sind Sie bislang gedanklich und auf dem Papier aktiv geworden, sollten Sie jetzt Zugang zu Ihrem CMS (Content-Management-System) haben. Ein CMS ist ein Programm, mit dem eine Website erstellt wird, z. B. WordPress.

Die technischen Voraussetzungen der nachfolgend genannten SEO-Maßnahmen sollten bei allen modernen CMS vorhanden sein.

Sie haben bereits Zugang zum CMS Ihrer Website und haben vielleicht auch schon selbst Inhalte oder Bilder eingepflegt? In diesem Fall kennen Sie sich schon etwas oder eventuell schon recht gut aus und die Orientierung wird Ihnen leichter fallen. Sollten Sie nicht wissen, an welcher Stelle Sie die Maßnahme umsetzen können, stellen Sie Ihre Frage an Ihre bevorzugte Suchmaschine und Sie werden ganz sicher fündig und Schritt für Schritt angeleitet werden.

Sollten Sie sich noch nie in Ihr CMS eingeloggt und noch keinerlei Erfahrung haben, ist es zugegeben etwas schwerer. Aber auch hier ist das Suchen nach Antworten mithilfe des Internets ein guter Ansatz und führt fast immer zum Erfolg. Auch YouTube-Videos und Online-Tutorials können den Einstieg in die praktische Umsetzung im CMS erleichtern.

Programmierkenntnisse sind generell nicht notwendig. Für den Einstieg und am Anfang ist es zunächst wichtig, die richtige Stelle im Content-Management-System zu finden, alles andere lernen Sie. Übung macht– wie so oft – den Meister.

Und selbst wenn Sie merken sollten, dass Sie mit Ihrem CMS oder der Technik partout nicht zurechtkommen, können Sie Ihre Ideen auf dem Papier ausformulieren und einen Fachmann oder eine Fachfrau mit der Umsetzung beauftragen.

Es lohnt sich also, an dieser Stelle nicht aufzugeben. Lassen Sie uns loslegen!

Metadaten: Meta Title und Meta Description

Metadaten sind sogenannte „strukturierte Daten" und enthalten übergreifende Informationen über die Website. Diese Daten können von den Suchmaschinen gelesen und verarbeitet werden.

Metadaten klingt vielleicht technisch und kompliziert, die Erstellung der Metadaten gehört jedoch zum Bereich der Suchmaschinenoptimierung. Derjenige, der sich mit dem Inhalt der Webseite am besten auskennt oder den Text der Seite formuliert hat, ist am besten dazu geeignet, die Metadaten zu verfassen.

Einige CMS erstellen Metaangaben wie Title und Meta Description automatisch. Es ist jedoch keine gute Idee, diese einfach zu übernehmen. Schlimmstenfalls wird der Seiteninhalt sogar falsch beschrieben, meist fehlt es an sprachlichem Ausdruck und immer an der nötigen Empathie, an Emotionalität und der Nähe zum Thema und zu Ihren Kunden. Lassen Sie sich also nicht verführen, sondern erstellen Sie Ihre Metadaten selbst.

Title Tag und Meta Description gehören noch immer zu den **wichtigsten SEO-Faktoren**, die noch dazu sehr einfach umzusetzen sind. Sie sind mitentscheidend, ob eine Seite angeklickt wird oder nicht.

Meta Title und Meta Description sollten für jede (Unter-) Seite Ihrer Website individuell erstellt werden.

Wie sehen Metadaten aus?

Stellen Sie sich vor, Sie planen ein Überraschungswochenende in einem Romantikhotel. Sie legen Wert auf einen großen Wellnessbereich und eine gehobene Hotelkategorie. Sie öffnen Ihren Internetbrowser und tippen „Romantikwochenende Schwarzwald mit Spa" in das Suchfeld der Suchmaschine.

In den Suchergebnissen bekommen Sie unzählige Suchergebnisse angezeigt. Unter anderem diese beiden:

---

www.xxxx.de
Romantikwochenende im 5* Wellnesshotel | 3000 m² Spa-Bereich
Spa & Wellness Romantik-Wochenende im Schwarzwald · verbringen Sie relaxte Stunden im Spa · Candlelight Dinner inklusive.

Und ein anderes Suchergebnis:

---

www.yyyy.de
Home - Hotel www.yyyy.de - Willkommen
Home - www.yyyy.de Impressum, Datenschutz, Hotel, Sauna, Wellness, billig

---

Das erste Beispiel des SERP Snippets könnte Sie zum Klicken animieren (ein SERP Snippet ist die Vorschau eines Suchtreffers in den Suchergebnissen, den Serps). Die Meta Description und der Title sind so formuliert, dass Ihr Interesse geweckt wird und Sie interessiert sind, mehr über das Hotel zu erfahren. Das zweite Beispiel würden Sie wahrscheinlich eher nicht anklicken.

Ein SERP Snippet, also die Vorschau des Suchtreffers, besteht aus dem Title der Webseite, der Meta Description, die einen kurzen Text enthält, und der URL der Webseite.

Betrachten Sie das Suchergebnis als das Aushängeschild Ihres Unternehmens. Es ist der erste Kontaktpunkt Ihrer Kunden zu Ihrem Unternehmen und entscheidet, ob geklickt wird oder nicht.

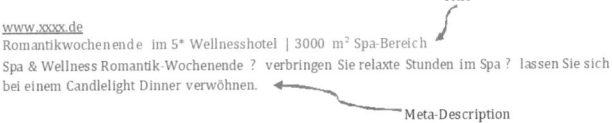

Definition des Title (auch genannt Title Tag/Meta Title)

Die Möglichkeit, den Title (Title Tag, SEO Title, Seitentitel oder auch Meta Title genannt) einzutragen, steht in allen modernen Content-Management-Systemen zur Verfügung. Dies ist auch für Anwender ohne oder mit wenig Vorkenntnissen umsetzbar.

Der Title selbst ist, was der Name schon andeutet, der Titel, die inhaltliche Überschrift Ihrer Website. Er beschreibt kurz und knackig den Inhalt der jeweiligen Seite. Der Title wird in den Suchergebnissen als Überschrift dargestellt. Auf ihn fällt der erste Blick des Suchenden. Damit wird er zur direkten Werbung für Ihr Unternehmen, weckt Neugierde und regt im besten Fall zum Klicken Ihrer Seite an.

Das sollten Sie beim Formulieren des Title beachten:

- Da nur begrenzt Platz zur Verfügung steht, sollte der Title nicht mehr als ungefähr 580 (Desktop) bzw. 920 Pixel (Mobil) lang sein; sonst wird er in den Suchergebnissen abgeschnitten. Pixel sind Bildpunkte einer digitalen Rastergrafik. Allerdings bestätigt Google, dass längere Title keinen Nachteil darstellen, sofern diese relevant sind.
- Das wichtigste Keyword sollte im Title verwendet werden.
- Der Title sollte kurz, knackig, einzigartig und interessant sein und den Inhalt der Seite treffend beschreiben.
- Der Title kann durch die Verwendung von Klammern, Sonderzeichen und Emojis aufgepeppt werden.

Das sollten Sie beim Formulieren des Title besser vermeiden:

- das Verwenden von zu vielen Keywords, die keinen Sinn und korrekten Satz ergeben oder Wiederholungen,
- für alle Seiten den gleichen Title verwenden,
- den Title zu kurz halten und die zur Verfügung stehende Zeichenzahl nicht ausnutzen,
- den Title überlang und nicht informativ gestalten,
- 08/15-Formulierungen wählen,
- automatische Title Ihres CMS verwenden,
- gar keinen Title verwenden.

Aufgabe: Formulieren Sie einen Title für Ihre Startseite bzw. für alle Seiten Ihrer Website. Sollten Sie bereits einen Title eingetragen haben, überprüfen Sie diesen.

Tooltipp: Für das Prüfen und Testen des Title und der Meta Description gibt es im Internet einige kostenfreie Tools, die wertvolle Hilfestellung leisten.

Einer meiner Favoriten ist der selbsterklärende SERP Snippet Generator der Firma Sistrix: app.sistrix.com/de/serp-snippet-generator

Definition der Meta Description (Meta-Beschreibung)

Die Meta Description enthält eine Zusammenfassung des Inhalts der Seite, die in den Suchergebnissen dargestellt und unter dem Title und der URL in den Suchergebnissen angezeigt wird. Sie ist eine Ergänzung des Title. Während der Title als zusammenfassende Überschrift zu sehen ist, bietet die Meta Description eine zusätzliche inhaltliche Zusammenfassung.

Auch die Meta Description (Meta-Beschreibung) spielt eine wichtige Rolle für die Klickrate der Seite. Je interessanter und zum Inhalt der Seite und der Intention des Suchenden passender diese formuliert ist, desto häufiger wird sie angeklickt.

Das sollten Sie beim Formulieren der Meta Description beachten:

- Die Meta Description sollte nicht mehr als ungefähr 990 Pixel (Desktop) bzw. 1300 Pixel (Mobil) lang sein, da sie ansonsten in den Suchergebnissen abgeschnitten wird.
- Sie enthält sowohl das zentrale Keyword als auch dessen Varianten.
- Die Beschreibung sollte aus aussagekräftigen, einzigartigen Formulierungen bestehen, die Interesse wecken und zum Klicken animieren.
- Beenden Sie die Description mit einer Handlungsempfehlung (jetzt anrufen, jetzt bestellen, jetzt sparen usw.).

Das sollten Sie beim Formulieren der Meta Description besser vermeiden:

- das Bilden unverständlicher Satzkonstrukte, nur um möglichst viele Keywords unterzubringen,
- Wörter verwenden, die nicht im Inhalt der Seite verwendet werden,
- eine Description erstellen, die nicht zum Inhalt der Seite passt,
- bei allen Seiten die gleiche Beschreibung verwenden,
- die Description zu kurz halten, diese wird dann nur einzeilig dargestellt und verliert an Aufmerksamkeit,
- eine zu lange Beschreibung formulieren, die dann nicht vollständig angezeigt wird,
- automatische Vorschläge Ihres CMS ungeprüft übernehmen,
- unternehmensinterne Fachbegriffe oder Ausdrücke verwenden.

Aufgabe: Formulieren Sie eine Meta Description für Ihre Startseite und gerne auch für alle anderen Seiten Ihrer Website. Sollten Sie bereits eine oder alle Meta Description(s) formuliert haben, überprüfen Sie diese.

Title und Meta Description einer Webseite sind zwar keine direkten Rankingfaktoren, aber dadurch nicht weniger wichtig. Sie sind ausschlaggebend für die Klickrate und entscheidend, ob der User die Webseite anklickt oder sich für ein anderes Suchergebnis entscheidet. Beide sind begrenzt in ihrer Zeichenlänge und sollten entsprechend interessant und inhaltlich passend formuliert werden.

Meta-Überschriften

Wie lesen Sie Zeitung, Bücher oder Onlineartikel? Scannen Sie auch nach interessanten Überschriften? Überschriften von Internetseiten, die sogenannten Headers, gliedern einen Text, geben diesem Struktur und machen ihn im wahrsten Sinne des Wortes übersichtlich. Dies gilt eben auch für Websites. Enthält der Inhalt (Content) der Website sinnvoll gegliederte Überschriften, erleichtern es diese dem Seitenbesucher, den Inhalt hinsichtlich Relevanz besser einschätzen zu können. Erfreulicherweise gilt dies auch für die Crawler der Suchmaschinen (auch Bots genannt). Laut Aussage von Google werden Überschriften genutzt, um die Inhalte der einzelnen Seiten einzuordnen und verstehen zu können. Überschriften haben auch im Hinblick auf die Lesbarkeit der Inhalte ihre Daseinsberechtigung.

Die Erstellung der Überschriften lässt sich von der Struktur her mit der Gliederung eines Buches vergleichen. Erst kommt die Hauptüberschrift, dann folgen die einzelnen untergeordneten Kapitelüberschriften. Sollte es innerhalb dieser Kapitel noch weitere Unterteilungen geben, z. B. wenn der Text sehr lang ist und/oder eine weitere Unterteilung sinnvoll erscheint, dann gibt es Unterüberschriften (Zwischenüberschriften).

Die jeweiligen Überschriften, also die Hauptüberschrift (H1), Kapitelüberschrift (H2) und Unterüberschrift (H3), werden auch optisch unterschiedlich dargestellt. Die H1 wird am größten, die H2 wird visuell etwas kleiner definiert, die H3 ist noch ein wenig kleiner usw.

Insgesamt gibt es 6 verschiedene Überschriftentypen (H1-H6), die jeweils im HTML-Code der Webseite hinterlegt sind. Für feinere Unterteilungen gibt es die Überschrifttypen H4-H6, die jedoch außer bei sehr langen Texten nicht notwendig sind.

Nachstehend das Beispiel einer Überschriftenstruktur für die Speisekarte einer Pizzeria:

Überschrift	Typ	Überschriften Textbeispiel
Hauptüberschrift	H1	Unsere Speisekarte – Hausgemachte Gerichte, die an Urlaub erinnern
Kapitelüberschrift	H2	Piatti di Pasta fatti in casa – Selbstgemachte Nudelkreationen
Unterüberschrift	H3	Piatti di Pesce – Gerichte mit Fisch
Unterüberschrift	H3	Piatti di Carne – Gerichte mit Fleisch
Unterüberschrift	H3	Piatti vegetariani – Vegetarische Gerichte

Daran sollten Sie denken, wenn Sie Überschriften definieren:

- Die H1 ist die wichtigste und ranghöchste Überschrift der Seite. Sie sollte für jede Seite individuell passend erstellt werden und nur einmal vorkommen.
- H2- bis H6-Überschriften können beliebig oft vergeben werden.
- Überschriften sollten aussagekräftig und nicht zu lang sein.
- Das Keyword (Stichwort) sollte enthalten sein.
- Die Überschrift sollte den Inhalt erahnen lassen, ohne diesen vorab lesen zu müssen.
- Die Überschrift sollte der Erwartungshaltung des Lesenden entsprechen.
- Die Überschriftenstruktur sollte hierarchisch sein (H1-H6).

Hinweis: Für rein optische Darstellungen sind HTML-Überschriften nicht gedacht.

Die Überarbeitung der Überschriftenstruktur im CMS (Content-Management-System) ist recht einfach und ohne Programmierkenntnisse umsetzbar. Alle modernen CMS bieten hierfür die Voraussetzungen.

Die Kontrolle der Meta-Überschriften

Es gibt einfache Hilfsmittel, die Überschriftenstruktur Ihres Internetauftritts zu kontrollieren. Sie können hier eines der vielen kostenlosen Tools nutzen. Auf https://seorch.de oder https://www.seobility.net/de/seocheck/finden Sie beispielsweise nach Eingabe der URL Ihrer Website nicht nur eine Anzeige Ihrer Überschriften, sondern auch noch viele weitere Informationen. Unter anderem auch eine optische Darstellung, wie Sie Ihren Title und Ihre Meta Description formuliert haben und wie diese in den Suchergebnissen dargestellt werden.

Alternativ installieren Sie sich z. B. im Chrome Browser eine Browsererweiterung wie z. B. SEO META in 1Click. Sie können dann mit einem einzigen Klick die Struktur Ihrer Überschriften und vieles mehr überprüfen. Sie wissen nicht, wie das geht? Googeln Sie z. B. in Chrome nach „Browsererweiterung installieren" und schon erhalten Sie eine kurze und verständliche Anleitung. Der Aufwand hierfür dürfte nicht mehr als überschaubare 5 Minuten Ihrer Zeit beanspruchen. Die gewonnenen Einblicke sind jedoch äußerst interessant. Die Browsererweiterung ist kostenlos. Sie müssen sich nicht einloggen oder registrieren und die Erweiterung kann durch einen einzigen Klick nach Aufruf der URL abgerufen werden. Neben den Überschriften erhalten Sie auch noch zahlreiche andere Informationen, die für SEO interessant sind.

Aufgabe:
Kontrollieren Sie die Überschriftenstruktur Ihres Internetauftritts. Sie können dies direkt in Ihrem CMS tun oder aber kostenlose Tools hierfür nutzen. Passt die Überschriften-Struktur nicht oder fehlt sie komplett, formulieren Sie Ihre Überschriften neu.

Eine gute Überschriftenstruktur und Hierarchie nutzt sowohl dem Seitenbesucher als auch den Suchmaschinen bei der Einschätzung der Inhalte auf Relevanz. Es gibt nur eine H1-Überschrift auf jeder Seite. Mithilfe kostenloser Tools können die Überschriften geprüft werden.

Die Navigation
Lesen Sie vor dem Kauf oder Download eines Buches auch als Erstes den Klappentext und das Inhaltsverzeichnis? Wenn Sie das interessiert, was Sie da lesen, ist das mit ausschlaggebend für Ihre Kaufentscheidung.

Das lässt sich auch prima auf Ihre Website übertragen. Wir dürften alle die Situation kennen, sich mühsam durch eine Website zu klicken und doch nicht zu finden, was wir suchen. In der Regel sind wir schnell wieder weg, wenn wir nicht finden, was wir suchen. Das ist für beide Seiten äußerst ärgerlich. Der Seitenbesucher verschwendet, ohne ans Ziel zu kommen seine Zeit, und der Seitenbetreiber verliert einen möglichen Kunden, den er gerne gewonnen hätte. Nicht unbedingt aufgrund seines nicht passenden Angebots, sondern schlichtweg weil der Suchende erst gar nicht findet, wonach er sucht.

Besucher der Website sind jedoch nicht nur echte Menschen, sondern auch die Bots der Suchmaschinen. Sie hangeln sich durch unzählige Webseiten und ihre alleinige Daseinsberechtigung liegt darin, wichtige URLs zu erfassen sowie deren Relevanz und Zugehörigkeit zu erkennen. Um hier die richtigen Schlüsse ziehen zu können, sind die Crawler unter anderem auf eine sinnvolle und durchdachte Navigationsstruktur angewiesen.

Vergleichbar ist dies mit dem Lesen einer Anfahrtsbeschreibung. Im Falle eines unübersichtlichen Navigationsangebots irrt der Bot der Suchmaschine, wie es auch uns Menschen mit weniger ausgeprägtem Orientierungssinn geht, orientierungslos umher und bricht dann irgendwann die geplante Besichtigung ab.

Um sowohl dem menschlichen als auch dem digitalen Seitenbesucher die Orientierung zu erleichtern und damit die Benutzerfreundlichkeit zu verbessern, gibt es einfache Grundregeln:

• Die Navigation sollte gut sichtbar und von allen Seiten erreichbar sein.
• Die Navigation sollte schlicht gehalten sein. Zu kreative Ideen verwirren hier eher. Der Mensch ist ein Gewohnheitstier und erwartet bestimmte Navigationsbereiche an den gewohnten Stellen.
• Die Navigation sollte hierarchisch aufgebaut werden. Je wichtiger die Seite, desto prominenter die Platzierung.

- Zu viel Fantasie ist nicht notwendig. Eindeutige Beschriftungen wie „Kontakt" sind hier sinnvoller.

Aufgabe:
1. Überprüfen Sie Ihre Navigation auf Benutzerfreundlichkeit. Wie schätzen Sie diese selbst ein?
2. Bitten Sie dann andere Personen, Ihre Internetseite zu besuchen und sich auf dieser zurechtzufinden. Bitten Sie um deren Einschätzung.
3. Schauen Sie sich die Navigationsstruktur Ihrer erfolgreichsten Mitbewerber an. Welche Unterschiede fallen Ihnen auf?
4. Überarbeiten Sie gegebenenfalls Ihre eigene Navigationsstruktur, sodass Sie gut zu Ihnen passt und für Ihre Besucher sinnvoll ist.

Die Navigation ist das Element auf der Internetseite, das dem Seitenbesucher ein gutes Zurechtfinden auf der Website ermöglicht. Gleichzeitig bekommen Suchmaschinen-Bots Hilfestellung beim Erfassen und Einordnen von URLs sowie deren Relevanz und Zugehörigkeit. Die Navigation sollte übersichtlich, einfach und zum Unternehmen passend gestaltet werden. Die wichtigsten Navigationspunkte finden sich an oberster Position.

Interne Verlinkungen

Stellen Sie sich vor, Sie sind von Migräne geplagt und suchen hilfreiche Informationen über mögliche Behandlungsmöglichkeiten. Die von Ihnen angeklickte Webseite ist sehr umfangreich. Da ist es hilfreich, dass Sie weitere für Sie interessante Themenbereiche durch Verlinkungen, wie z. B. „Informationen über Schmerzmittel" oder „Akupunktur bei Migräne", direkt anklicken können.

Ein Link, auch Hyperlink genannt, ist eine Verknüpfung zwischen zwei Seiten und wird meist farblich und/oder unterstrichen hervorgehoben.

Mithilfe dieser **internen Verlinkungen** erhalten Sie schnell und einfach die gesuchten weiterführenden Informationen, ohne sich neu auf die Suche begeben zu müssen. Verlinkungen sind also eine äußerst bequeme Angelegenheit, die zu unserer Zufriedenheit mit einer Webseite beiträgt.

Interne Verlinkungen sind Hyperlinks, die innerhalb einer Website (einer Domain, nämlich der eigenen) zu einer Unterseite (dies kann auch ein Bild oder ein PDF sein) führen. Sowohl Suchmaschinen wie Google als auch die Seitenbesucher lieben diese Links. Durch interne Verlinkungen wird die Orientierung auf der Website erleichtert und gesuchte Informationen werden schneller gefunden.

Ein Paradebeispiel ist Wikipedia. Sucht man auf Wikipedia nach Migräne, so führen zahlreiche Links zu weiterführenden Informationen. Wird der Begriff „Migräneaura" verwendet, führt der Klick auf den Link zu anknüpfenden Informationen rund um das Thema Migräneaura.

Vorteile einer gelungenen internen Verlinkung für den Seitenbesucher:
- Sie schafft eine bessere Orientierung ohne längere Klickwege.

- Verlinkungen helfen dem Seitenbesucher beim Navigieren.
- Sie bietet eine höhere Nutzerzufriedenheit.

Vorteile für den Websitebetreiber:
- Es gelingt der Aufbau einer Art zweiten Navigation.
- Die eigene Domain wird beim Klick auf interne Links nicht verlassen.
- Sie haben vollständigen Einfluss auf die Verteilung der internen Links.

Vorteile interner Verlinkungen für Suchmaschinen:
- Interne Verlinkungen identifizieren neue Inhalte.
- Interne Verlinkungen leiten den Suchmaschinen-Crawler durch die Website.
- Sie geben Hinweise auf thematische Zusammenhänge.
- Die Häufigkeit von internen Verlinkungen lässt den Such-maschinen-Bot erkennen, welche Unterseite für den je-weiligen Suchbegriff relevant ist.

Interne Verlinkungen und deren Linktexte sollten ...
- vorrangig am Anfang eines Textes im Content-Bereich stehen (weniger im Footer, dem Fußzeilenbereich der Webseite, und der Seitenleiste).
- durch farbliche Kenntlichmachung als Link eindeutig erkennbar sein.
- nach dem Klick der Erwartungshaltung entsprechen.
- klare und aussagekräftige Ankertexte (Linktexte) nutzen.
- Keywords beinhalten.
- thematisch im Kontext zum gelesenen Text stehen.

Diese Fehler sollten Sie bei internen Verlinkungen vermeiden:

- Das interne Verlinkungsziel ist nicht erreichbar.
- Die Verlinkung passt inhaltlich nicht und verärgert dadurch den Seitenbesucher.
- Belanglose Ankertexte wie „hier" oder „weiterlesen" verwenden.
- Ähnliche Linktexte für unterschiedliche Linkziele verwenden. Beispiel: Ankertext „Migräne" verlinkt auf xxx.de/migraeneprophylaxe und xxx.de/migränesymptome. Welche dieser Seiten soll nun für das Keyword „Migräne" ranken?

Aufgabe: Beginnen Sie mit Ihrer Startseite und prüfen Sie, ob ausreichend interne Verlinkungen zu passenden Unterseiten bestehen. Checken Sie die Linktexte auf Relevanz und passen Sie diese gegebenenfalls in Ihrem CMS an.

Externe Verlinkungen

Externe Verlinkungen können Sie, wie auch interne Verlinkungen, komplett eigenständig festlegen. Sie entscheiden, wo Sie diese setzen und worauf Sie verlinken. Externe Verlinkungen führen von Ihrer Website zu einer anderen Website, die Ihren Seitenbesuchern wichtige Informationen liefern kann.

Bieten Sie als Entspannungsmethode „Waldbaden" an und möchten Sie Ihren Seitenbesucher überzeugen, wie gesundheitlich wohltuend diese Methode ist, wäre es sinnvoll, auf eine wissenschaftlich fundierte und kontrollierte Studie zu verlinken. Voilà, und schon haben Sie eine externe Verlinkung gesetzt, die von Ihrer Seite auf den Inhalt einer anderen Seite verweist, für Ihren Seitenbesucher sehr nützlich ist und Ihre Kompetenz unterstreicht.

Website-Betreiber zögern oftmals, Links auf fremde Seiten zu setzen. Wer jedoch thematisch passend auf seriöse Seiten verlinkt, erfreut nicht nur die eigenen Seitenbesucher, sondern auch die Suchmaschinen. Einzig auf Ihrer Startseite sollten Sie möglichst auf externe Verlinkungen verzichten, die ja von Ihrer Website wegführen.

Aufgabe: Prüfen Sie Ihre Website auf externe Verlinkungen und erweitern Sie diese gegebenenfalls. Werfen Sie gleichzeitig einen Blick auf Ihre Linktexte.

Interne Links führen innerhalb der eigenen Domain auf eine Unterseite der Domain, aber niemals auf eine externe Website. Externe Links hingegen führen von der eigenen Domain auf eine externe Domain. Sowohl externe als auch interne Verlinkungen müssen thematisch passend sein. Der Ankertext/Linktext sollte ein zentrales, passendes Keyword enthalten. Gelungene Verlinkungen sind ein wichtiger Rankingfaktor.

4.2 Bilder als Rankingfaktor

Heiß geliebt und oft vergessen. Wer seine Website optimiert, kommt nicht darum herum, sich auch mit seinen Bildern zu befassen. Denn in den Suchergebnissen wird längst eine kunterbunte Mischung aus Webseiten, Bildern und Videos ausgespielt. Und dabei gilt: Bilder und Videos werden immer wichtiger. Noch ein Grund mehr, einmal einen Blick auf das eigene Bildmaterial zu werfen.

Bilder erzählen eine Geschichte, sollten zum Unternehmen und dessen Angebot passen und informativ und/oder emotional wirken.

Bildmotive

Seien wir mal ehrlich: Nichts langweilt mehr als ein gekauftes Bild aus einer Bilddatenbank, dass wir so oder so ähnlich schon hundertmal irgendwo anders gesehen haben. Was uns hingegen sehr viel mehr anspricht, sind natürliche Bilder; authentisch, mit realen Menschen, in realistischen Umgebungen und in hochauflösender Qualität. Wer die Internetseite eines Restaurants anklickt, der möchte sehen, wie das Essen auf dem Teller dampft oder der Koch in der Küche den Kochlöffel schwingt, und nicht von einem 08/15-Bild dreier glänzender italienischer Tomaten oder eines hölzernen Kochlöffels mit rot karierter Seidenschleife eingeschläfert werden.

Nie zuvor war es leichter, gutes Bildmaterial zu erstellen. Ein gutes Smartphone ist bereits in der Lage, hochwertige Bilder zu produzieren. Und wer sich selbst nicht als kreativ genug empfindet, der findet sicher jemanden, der sich gerne als Fotograf zur Verfügung stellt. Wer die Ausgabe nicht scheut, der beauftragt einen professionellen Fotografen, denn gute Bilder lohnen sich.

Was zeichnet gute Bilder aus?
- Gute Qualität
- Reale Menschen oder Umgebungen
- Kreativität
- Aktualität

Aufgabe: Überprüfen Sie die Bilder Ihrer Website. Welche gefallen Ihnen wirklich, welche gehören ausgetauscht? Befragen Sie Freunde, Familie und Kunden, welche Bilder als ansprechend empfunden werden und welche möglicherweise fehlen.

Name und Qualität von Bildern

Liegt es an meiner Sehkraft oder ist das Bild wirklich unscharf? Keiner Ihrer Seitenbesucher sollte sich diese Frage stellen müssen. Achten Sie daher unbedingt auf die Qualität Ihrer Bilder. Das Motiv mag noch so gelungen sein, ist es unscharf, dann muss es leider weg.

Von zentraler Bedeutung ist auch die Dateigröße des Bildes. Je größer ein Bild ist, umso länger dauert es, dieses zu laden. Lange Ladezeiten sind jedoch für Seitenbesucher und Suchmaschinen ein Graus. Die Lösung ist, Bilder stets optimiert bereitzustellen. Hierfür gibt es hilfreiche kostenlose Programme (Tools), die Bilder automatisch anpassen (ungefähr 72 bis 150 pp, 300 Pixel, ca. 150 kB, Seitenverhältnis 4:3).

Tooltipp: https://tinypic.com. Ist das Programm einmal heruntergeladen, lassen sich Bilder mit einem Klick anpassen und werden automatisch abgespeichert.

Und dann gibt es da auch noch den Bildnamen, der den Namen der URL mitbestimmt. Jedes Ihrer Bilder verfügt genau wie jede Seite Ihrer Website über eine individuelle URL. Nennen Sie das Bild einer „knusprigen, leckeren Pizza" also nicht DSC935432.jpg, sondern lieber pizza-himmlisch-knusprig.jpg. Da läuft einem dann schon beim Lesen der URL das Wasser im Mund zusammen. Das wichtigste Keyword, in diesem Fall die Pizza, sollte im besten Fall an erster Stelle des Bildnamens stehen. Verzichten Sie in der URL auf Umlaute, Leerzeichen oder Unterstriche.

Jedes Bild sollte nach dem Hochladen in das CMS noch mit einem sogenannten „Alt-Attribut" und einem „Title-Attribut" versehen werden. In Ihrem Content-Management-System (CMS) finden Sie hierfür entsprechende Eingabefelder, zumindest das Alt-Attribut sollten Sie auf jeden Fall eintragen.

Zeigt Ihr Bild eine knusprige ofenwarme Pizza, dann benennen Sie den Title Tag und das Alt-Attribut entsprechend „Pizza ofenwarm und lecker".

Das Alt-Attribut ist ein Text, der das Bild beschreibt.

Suchmaschinen wie Google können das Bild inhaltlich so besser einordnen. Aber nicht nur für Suchmaschinen sind korrekte Auszeichnungen hilfreich, auch Ihre Seitenbesucher profitieren. Sollte ein Bild nicht geladen werden, wird das Alt-Attribut an dessen Stelle angezeigt. Letztlich geht es darum, den Inhalt des Bildes erkennen zu können, ohne dieses sehen zu müssen.

Fällt es schwer, das Alt-Attribut zu formulieren, könnte es hieran liegen:

1. Das Bild passt nicht zur Aussage des umstehenden Textes.
2. Die Aussagekraft des zum Bild gehörigen Textes ist noch nicht relevant genug.

Bild und Text stehen also immer in engem Zusammenhang. Aus diesem Grund sollten Sie bei der Auswahl Ihrer Bilder bedacht vorgehen.

Ein Title Tag ist ein Text, der angezeigt wird, wenn der Seitenbesucher mit der Maus über ein Bild fährt. Dann erscheint der Title Tag – in unserem Fall steht dann da: „Pizza ofenwarm und lecker". Der Title Tag macht Sinn, wenn das Bild keine Bildunterschrift besitzt.

Tipp: Um eine Idee zu erhalten, wie das zu einer Suchanfrage perfekt passende Bild aussehen könnte, nutzen Sie die Google-Bildersuche. Googeln Sie z. B. „Waschmaschinenreparatur" und gehen dann auf „Bilder". Die dort angezeigten Bilder werden als passende Suchergebnisse angezeigt.

Bilder-SEO beinhaltet die jeweilige Dateigröße, die Bild-URL sowie textbasierende Informationen. Die Optimierung von Bildern verbessert das Nutzererlebnis. Gute Bilder können in der Bildsuche ranken und steigern die Sichtbarkeit der Website.

4.3 Die URL-Struktur

Betrachtet man eine URL (eine URL ist die Adresse einer Website), erhält man eine erste Vorstellung von dem, was sich hinter dieser inhaltlich verbirgt. Eine URL, die klar ist und inhaltlich aufschlussreich formuliert wurde, trägt also auch zu einem besseren Nutzererlebnis bei. Und wie immer gilt: Was zur Zufriedenheit der Nutzer beiträgt, gefällt auch den Suchmaschinen.

Die URL ist zwar nicht entscheidend für das Ranking einer Website, doch kann eine gelungene und logische URL-Struktur bei zwei stark in Konkurrenz stehenden Websites das Zünglein an der Waage sein. Letztendlich würde die SEO-optimierte URL der nicht optimierten URL vorgezogen werden.

Wenn Sie eine neue Seite erstellen, achten Sie daher darauf ...
- die URL kurz zu halten,
- diese aussagekräftig zu formulieren,
- Ihr wichtigstes Keyword zu verwenden,
- Wörter mit einem Bindestrich zu trennen,
- keine Mischung aus Buchstaben und Zahlen zu verwenden,
- keine Umlaute zu verwenden.

Achten Sie auch darauf, dass Ihre URLs auf der gesamten Website einheitlich aufgebaut werden.

Viele CMS schlagen beim Erstellen einer Seite bereits eine URL vor. Prüfen Sie diese vor der Übernahme aber stets auf Sinnhaftigkeit und auf die Beachtung der oben genannten Kriterien.

Praktische SEO-Arbeit im CMS

- Meta Title und Description, Überschriften, die Navigation, interne und externe Verlinkungen können selbst umgesetzt werden.
- Bilder-SEO beinhaltet die Optimierung aller Elemente der Grafik, wie Motiv, Dateigröße, Dateiname und den Alt-Text (Alternativtext).
- Die URL-Struktur einer Website sollte einheitlich aufgebaut und aussagekräftig sein sowie das wichtigste Keyword enthalten.

5. Weitere SEO-Maßnahmen

Die Voraussetzung für das Gelingen eines Kuchens sind ein gutes Rezept und die richtigen Zutaten. Ähnlich verhält es sich bei der Optimierung von Websites. Damit sich das Ranking in den organischen Suchergebnissen verbessert, braucht es mehr als nur eine Zutat. Es ist die Komposition von vielen Komponenten und technischen Faktoren, die sich ergänzen und die dann letztlich zu einem überzeugenden Ergebnis führen.

Google hat über 200 Rankingfaktoren in seinem Algorithmus, einige sind bekannt, andere spekulativ. Damit die bereits beschriebenen SEO-Maßnahmen greifen können, sollten auch noch weitere Optimierungsmöglichkeiten geprüft und angepasst werden.

Auch hier werden Sie zumindest teilweise selbst Hand anlegen können. Aber erinnern Sie sich: Sollten Sie bei einzelnen Fragestellungen gefühlt an Ihre Grenzen stoßen, zögern Sie nicht, sich professionelle und zuverlässige Unterstützung zu suchen.

5.1 Doppelte Inhalte – Duplicate Content

Gefährlich, gefährlich. Google reagiert auf doppelte Inhalte schnell säuerlich. Aber was sind eigentlich doppelte Inhalte und warum ist der sogenannte „Duplicate Content" ein Problem?

Durch doppelte Inhalte haben es Suchmaschinen schwer, herauszufinden, welche Seite am besten zu einer Suchanfrage passt. Im allerschlimmsten Fall führt Duplicate Content zur Abstrafung und zum Verlust von Rankings, denn Suchmaschinen werden sich bei doppelten Inhalten im Zweifelsfall immer für die besser rankende Seite mit dem relevanteren Algorithmus entscheiden.

Gut umgehen kann Google mit duplizierten Inhaltsbereichen, wie sie z. B. in Footern zu finden sind und auf allen Seiten der Website angezeigt werden. Diese Art von doppelten Inhalten ist **üblich und oftmals sogar notwendig.**

Beispiele von Duplicate Content: Die Seite ist ohne eine entsprechende Weiterleitung über www, nicht-www, https und/oder http erreichbar. Google findet also mehrere Versionen einer Webseite:

- Eine URL ist sowohl kleingeschrieben also auch großgeschrieben erreichbar (www.erreichbar.de/Test und www.erreichbar.de/test). Auch hier findet die Suchmaschine doppelte Versionen.
- Produktbeschreibungen, die nicht selbst erstellt wurden und von vielen anderen Seiten auch verwendet werden.

- Identische Produktbeschreibungen oder Textpassagen, die sich auf unterschiedlichen Seiten der eigenen Website wiederholen.
- Andere Websites nutzen unrechtmäßig die Inhalte Ihrer Website.
- usw.

So können Sie Duplicate Content aufspüren

Die einfachste, aber etwas mühsame Möglichkeit ist, einzelne Textpassagen zu googeln. Hierfür einfach die Passage in Anführungszeichen in die Suchmaske von Google eingeben und die Suche starten. Erhält man Suchtreffer, gibt es Duplicate Content.

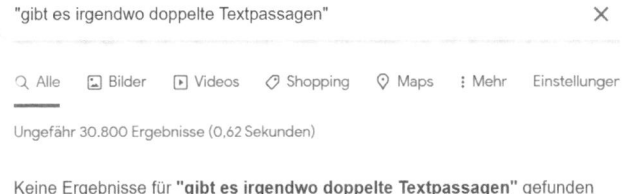

Eine andere, effektivere Möglichkeit, doppelten Inhalten auf die Spur zu kommen, ist der Einsatz von Tools, die bis zu einem bestimmten Umfang kostenlos Auskunft geben.

Tooltip: Siteliner: www.siteliner.com

Tipps zur Vermeidung von Duplicate Content:

- Bevorzugen Sie einzigartige, selbst erstellte Inhalte (Unique Content).
- Nutzen Sie Canonical Tags (siehe folgender Absatz).
- Kopieren Sie keine Inhalte fremder Websites.
- Verwenden Sie keine identischen längeren Textpassagen, z. B. für Produktbeschreibungen.
- Kontrollieren Sie mithilfe von Tools Ihre Website regelmäßig auf doppelte Inhalte.
- Zeichnen Sie unvermeidbare und sinnvolle doppelte Inhalte technisch korrekt aus (Canonical Tag, Änderungen in der .htaccess, im „noindex"-Zusatz etc.) und kontaktieren Sie im Zweifel Ihren technischen Ansprechpartner zur Unterstützung.

Was sind Canonical Tags?

Ein Canonical Tag wird genutzt, wenn Inhalte mehrmals verwendet werden. Er gibt Suchmaschinen einen Hinweis, bei welcher Seite es sich um die Originalseite handelt und bei welcher um die Kopie. Die Ursprungsseite wird als eine kanonische Seite bezeichnet. Kopien werden von Suchmaschinen als nicht relevant eingestuft und ignoriert. So können doppelte Inhalte vermieden werden. Der Canonical Tag wird im HTML-Code der Website hinterlegt. In den meisten CMS kann der Canonical Tag bedienerfreundlich durch ein Häkchen hinterlegt werden.

Suchmaschinen können mit duplizierten Inhaltsbereichen, wie z. B. in Footern, gut umgehen. Generell ist Duplicate Content jedoch problematisch. Es gibt verschiedene Möglichkeiten wie Canonical Tags oder „noindex", um Duplicate Content für Suchmaschinen korrekt auszuzeichnen.

5.2 Seitengeschwindigkeit (Page Speed)

Immer mehr User surfen auf Tablets und Smartphones. Deshalb ist es logisch, dass die Geschwindigkeit der Website ein wichtiges Kriterium sowohl für den Seitenbesucher als auch für die Suchmaschinen darstellt. Die Geschwindigkeit einer Seite ist ein offizieller Rankingfaktor. Speed ist nicht alles, doch Speed wird immer wichtiger. Google selbst bietet hierfür eine kostenlose Testmöglichkeit an: https://developers.google.com/speed/pagespeed/insights/

Nach Eingabe der Seiten-URL wird die Ladezeit der mobilen und der Desktop-Version ermittelt, und es werden Hinweise gegeben, was verbessert werden kann. Oftmals sind nicht optimierte Bilder ein Teil des Übels. Ein weiterer Bremsfaktor könnte auch der Webserver des Providers sein. Last but not least sollte man darauf achten, dass der Quellcode der Website selbst schlank gehalten wird. Der Einsatz von vielen Plug-ins oder Erweiterungen geht beispielsweise oftmals zulasten der Geschwindigkeit der Seite.

Mobile First – mobiles SEO und Responsive Design

Da immer mehr User auf Tablets und Smartphones surfen, wurde auch die Mobilfreundlichkeit einer Website zu einem offiziellen Rankingfaktor. Wer mit dem Smartphone schon einmal auf einer Website gelandet ist, die sich mobil schlecht oder gar nicht darstellen lässt, auf der Buttons nicht anklickbar oder Seiteninhalte nur schwer oder gar nicht zu erreichen sind, kann die Relevanz einer mobilfreundlichen Website nur zu gut verstehen.

Da Google Websites nur noch „Mobile First" indexiert und rankt, ist es empfehlenswert, die Website so zu optimieren, dass Seiteninhalte auf Endgeräten wie Tablets oder Smartphones einwandfrei und bedienerfreundlich angezeigt werden. Das sogenannte „Responsive Design" (anpassungsfähiges Design) passt die optische Darstellung an das jeweilig genutzte Gerät an und gehört zum Standard jeder mobilen Optimierung. Google selbst bevorzugt Seiten mit Responsive Design.

Aufgabe: Testen Sie die mobile Ansicht Ihrer Website auf verschiedenen Endgeräten. Tooltipp: https://bluetree.ai/screenfly/

Sowohl Page Speed (Seitengeschwindigkeit) als auch Responsive Webdesign sind wichtige Rankingfaktoren. Responsive Design, die automatische Anpassung der Darstellung auf verschiedenen Endgeräten, wird von Google bevorzugt.

5.3 Local SEO und Google My Business

Kennen Sie das? Blitzartig haben Sie einen unbezähmbaren Heißhunger auf z. B. spanische Tapas. Der Tag war anstrengend und der letzte Urlaub ist gefühlt eine Ewigkeit her. Jetzt ist Zeit für Tapas, und zwar rápido.

Wenn Sie nach einem spanischen Restaurant in Ihrer Nähe suchen, kommt lokales SEO ins Spiel. Lokales SEO zielt darauf ab, Unternehmen mit einem physischen Standort prominent in den örtlich passenden Suchergebnissen zu präsentieren.

Suchanfragen sind auf zweierlei Arten möglich. Manche Nutzer verwenden bei der Suche eine konkrete Ortsangabe wie „Tapas-Restaurant Heidelberg", andere suchen einfach nur generisch nach „Tapas-Restaurant". Im zweiten Fall werden die Suchergebnisse dem Standort des Nutzers angepasst. Eine äußerst hilfreiche Option, denn das beste Tapas-Restaurant Hamburgs nützt dem auf Tapas Hungrigen in Heidelberg schlichtweg gar nichts.

Oftmals befinden sich User bei einer Suche bereits in der Nähe eines Unternehmens. Sie suchen mittlerweile überwiegend vom Smartphone aus und stehen nicht selten unmittelbar vor einer (Kauf-)Entscheidung. Wenn dann die Telefonnummer, Öffnungszeiten, die Bewertungen und die Adresse des Unternehmens einfach und schnell mit dem Smartphone abgerufen werden können, stehen die Chancen gut, dass sich der User für Ihr Unternehmen entscheidet und Sie kontaktiert oder aufsucht.

Was kann man tun, um lokal gut gefunden zu werden?

- Verwenden Sie konsistente Unternehmensangaben. Ihr Firmenname, Ihre Adresse und Ihre Telefonnummer sollten überall identisch geschrieben werden.
- Ergänzen Sie auch Ihre Unternehmenswebsite mit Angaben über Ihren Standort – auch im inhaltlichen Teil.
- Tragen Sie Ihr Unternehmen in Branchenverzeichnisse ein, und vergessen Sie auch branchenspezifische Verzeichnisse nicht.
- Denken Sie bei der Akquirierung von Backlinks auch an Local Links, also Links von lokalen Firmen, Verlagen, wie z. B. Ihrer örtlichen Tageszeitung, Ihrem Rathaus, Kammern, und natürlich an Ihre Kunden und Lieferanten. Beachten Sie, dass auch hier das thematische Umfeld passen sollte.
- Kundenbewertungen sind auch für Local SEO wichtig. Bitten Sie Ihre zufriedenen Kunden aktiv um Bewertungen.
- Und ganz wichtig: Erstellen und pflegen Sie Ihren Geschäftseintrag auf Google My Business und Bing Places.

Ihr Eintrag auf Google My Business

Was früher die Anzeige im örtlichen Telefonbuch war, ist heute der Eintrag auf Google My Business. Durch die Veröffentlichung der Unternehmensinformationen finden potenzielle Kunden Ihr Unternehmen. Suchen Sie nach einem Zahnarzt in Heidelberg, schlägt Ihnen Google Zahnärzte vor, die sich in Ihrer Nähe befinden. Suchende können dann auf Google Maps den Standort und die Adresse erkennen, erhalten Informationen über Öffnungszeiten, den Link zur

Website, Bewertungen des Unternehmens/der Praxis und gewinnen einen ersten Eindruck über dessen Angebot.

Das Angenehme dabei ist: Sie bestimmen selbst, wie Sie Ihre Firma darstellen.

Ein „Google My Business"-Konto anzulegen ist schnell gemacht, und so geht es:

Gehen Sie auf google.com/business/, melden Sie sich mit Ihrem Google- bzw. Gmail-Konto an und schon kann es losgehen.

Wählen Sie die zu Ihnen passende Kategorie aus (z. B. Friseur) und vervollständigen Sie Ihr Profil mit
- dem Unternehmensnamen,
- Ihrer Adresse und Telefonnummer,
- der URL Ihrer Website,
- Ihren Öffnungszeiten,
- attraktiven Bildern und Videos,
- Ihrem Logo,
- einer Beschreibung Ihres Unternehmens,
- Ihren Dienstleistungen, Produkten, Beiträgen, Events, Neuigkeiten, Angeboten etc.

Gute, interessante Inhalte und natürlich Aktualität sind äußerst wichtig. Um den „Google My Business"-Eintrag später nicht aus den Augen zu verlieren, lohnt es sich, sich mindestens monatlich einen festen Termin zur Aktualisierung zu setzen. Gibt es neue Bilder oder ein spannendes Thema für einen Beitrag? Vielleicht auch ein Unternehmensvideo? Ein Angebot, eine Neuigkeit, ein Produkt oder ein Event?

Erfolge mit Google My Business lassen sich messen. Im Bereich Statistik kann unter anderem analysiert werden, wie viele Besucher den Eintrag auf welchem Weg gefunden haben.

All diese Hinweise gelten im Übrigen auch für Bing Places – dem Pendant zu Google My Business. Wer gerade im Flow ist und seinen „Google My Business"-Eintrag erstellt oder überarbeitet, sollte die Gelegenheit nutzen und gleich auch an seinen „Bing Places"-Eintrag denken.

Durch einen Eintrag bei Google My Business und Bing Places erhalten Unternehmen eine höhere Sichtbarkeit, potenzielle Kunden bekommen einfach und schnell Unternehmensinformationen. Sie sind unverzichtbare Bestandteile von lokalem SEO.

5.4 Backlinks

Backlinks sind Rückverweise durch einen Link von einer Website zu einer anderen und erscheinen **nicht** auf der eigenen Website. Backlinks können Sie nicht selbst erstellen, da diese auf fremden Websites erstellt werden.

Nehmen wir an, Sie bieten sehr spezielle Reinigungsmethoden für hochwertige Stoffe an und arbeiten mit einem Hersteller für Polstermöbel zusammen. Da Ihr Fachwissen herausragend ist, schreiben Sie einen Artikel über die von Ihnen angebotene Reinigungsmethode. Diesen Artikel veröffentlicht der Hersteller dann mit einem Link zu Ihrem Unternehmen auf seiner Website.

Der Hersteller hat durch die Verlinkung zu Ihnen einen thematisch passenden Backlink (Rückverweis) auf Ihr Unternehmen gesetzt.

Backlinks gab es bereits vor der Geburt der Suchmaschinen. Der damalige Sinn und Zweck von Backlinks war es, überhaupt erst eine Art von Navigation durch das Internet zu ermöglichen.

Später dann, in den Anfängen der Suchmaschinenzeit, zählten Backlinks zu den wichtigsten Faktoren, eine Internetseite im Ranking einschätzen zu können. Je mehr Links auf eine Seite eingegangen sind, umso wichtiger schien sie zu sein.

Heutzutage erleichtern Backlinks noch immer die Navigation von einer Internetseite zu einer anderen thematisch passenden Webseite. Sie sind unverzichtbar, um schnell und unkompliziert durch einen Klick weitere und neue Informationen zu erhalten.

Während aber vor einigen Jahren noch die Devise galt, je mehr Links, desto besser, ist heute neben der Quantität vor allem die Qualität des Backlinks von Bedeutung. Backlinks gelten als Vertrauenssignal zwischen verschiedenen Domains und **gelten wie eine Empfehlung**. Der Google-Algorithmus analysiert die Verlinkungen und definiert, wie vertrauensvoll eine bestimmte Website ist.

Es genügt also nicht mehr, sich wahllos verlinken zu lassen. Auch die Idee, sich einen Backlink zu kaufen, ist nicht zielführend.

Der Kauf von Backlinks verstößt gegen Google-Richtlinien, und Google ahndet Verstöße mit Sanktionen in den Suchergebnissen. In der Regel verlieren die betroffenen Seiten im Falle einer Abstrafung bis zur Bereinigung der Links und einem Antrag auf Prüfung ihre Rankings.

Es ist ungewiss, wie groß die Gefahr wirklich ist, dass Google einen gekauften Link erkennt. Das Risiko besteht jedoch, und es gilt abzuwägen, ob es sich lohnt, dieses einzugehen.

Google selbst formuliert wie folgt:

„Google wendet eine manuelle Maßnahme gegen eine Website an, wenn ein menschlicher Prüfer bei Google feststellt, dass Seiten auf der Website nicht die Qualitätsrichtlinien für Webmaster von Google erfüllen. Die meisten manuellen Maßnahmen beziehen sich auf Versuche, unseren Suchindex zu manipulieren. Die meisten in dieser Hinsicht aufgeführten Probleme führen dazu, dass Websites oder einzelne Seiten ein niedrigeres Ranking erhalten oder ganz aus den Suchergebnissen entfernt werden, ohne dass der Nutzer darauf hingewiesen wird.“

Quelle: https://support.google.com/webmasters/answer/9044175/bericht-zu-manuellen-ma%C3%9Fnahmen?hl=de, abgerufen am 21.06.2021

Was sind wertlose Backlinks?

Es gibt wertvolle und wertlose Backlinks. Ein Backlink, der von einer Website stammt, deren einziger Zweck es ist, Seiten zu verlinken, ist wertlos. Wertlos sind auch Backlinks von Seiten, die inhaltlich und thematisch nicht passen oder nicht relevant sind. Auch in Kopf- und Fußzeilen (Headern und Footern) platzierte Backlinks werden als eher unbedeutend eingestuft. Leider zählen auch die in Blogkommentaren eingefügten Backlinks zur eher wirkungslosen Kategorie.

Was sind wertvolle Backlinks?

Wertvoll sind hingegen Backlinks, die themenrelevant sind und von vertrauenswürdigen und bekannten Domains kommen. Diese Backlinks werden von Google & Co. positiv gewertet und tragen zu einem besseren Ranking in den Suchmaschinenergebnissen bei. Je vertrauenswürdiger die Seite ist, von der der Backlink kommt, umso positiver ist dessen Wirkung. Auch die Position des Backlinks ist bedeutsam. Je prominenter im Content einer Website platziert, umso besser.

Wie bekommt man einen Backlink?

Zugegeben: Der Linkaufbau ist keine einfache und schon gar keine schnelle Angelegenheit. Der Backlinkaufbau zählt zu den eher zähen und anstrengenden Mammutprojekten und ist als eine langfristige Angelegenheit anzusehen. Leider sind Backlinks nötig, um konkurrenzfähig zu bleiben und nachhaltig Erfolg zu haben.

Es ist aber auch keine Hexerei, an gute Backlinks zu gelangen. Sie sind Experte in dem, was Sie tun? Dann erstellen Sie entsprechende Inhalte. Dies können Artikel oder auch Tutorials sein. Finden Sie anschließend (oder im Vorfeld) Websites, die an einer Verlinkung Interesse haben könnten. Sind Ihre Inhalte gut und passend, stehen die

Chancen auf eine Verlinkung gar nicht übel. Stellen Sie sich selbst die Frage, was Sie auf anderen Seiten oder Blogs gerne über ein bestimmtes Thema lesen würden, und berücksichtigen Sie dies bei der Abfassung Ihrer eigenen Inhalte.

Auch das Veröffentlichen in den sozialen Netzwerken ist eine Möglichkeit, an einen Backlink zu gelangen. Nämlich dann, wenn Nutzer Ihren Beitrag und den damit enthaltenen Link teilen.

Interessant ist auch die Idee, einen **RoundUp-Artikel** (d. h., hier äußern sich mehrere Experten zu einem Thema) zu verfassen. Hierfür kontaktiert man zunächst die infrage kommenden Spezialisten und macht ihnen das Vorhaben schmackhaft. Im Anschluss daran werden den beteiligten Profis vorab definierte Fragen gestellt.

Im Artikel werden dann die Meinungen der verschiedenen Experten eines Themas zusammengefasst. Für den Leser bietet ein solcher Beitrag einen echten Nutzen, da er auf einen Schlag die Aussagen gleich mehrerer Spezialisten erhält. Artikel dieser Art werden auch gerne von den teilnehmenden Fachleuten/Interviewpartnern selbst verlinkt. So erhält man mit einem Artikel im besten Fall gleich mehrere Backlinks und vergrößert zugleich das eigene Netzwerk.

Gegenseitiges Verlinken ist theoretisch eine recht einfache Möglichkeit, an Backlinks zu gelangen. Wer hier aber den scheinbar genialen Gedanken hat, dass sich alle befreundeten Selbstständigen oder gar das gesamte Netzwerk gegenseitig verlinken, der betreibt Linktausch, und so etwas finden Suchmaschinen ebenfalls nicht gut. Die Folge kann eine Abstrafung durch Google sein.

Hinzu kommt noch, dass die verlinkten Themengebiete oftmals auch beim besten Willen nicht zusammenpassen. Wenn sich ein Trainer für Führungskräfte, ein Pizzabäcker und der Inhaber einer Hundepension gegenseitig verlinken, dann sind diese Links weder glaubhaft noch sinnvoll. Wenn sich jedoch der Schreiner und der Möbelrestaurateur thematisch ergänzen und sich verlinken, ergibt das Sinn. Es entsteht eine Win-win-Situation, die einen klaren Vorteil für alle Beteiligten einschließlich der Seitenbesucher bietet. Wer also vorhat, sich gegenseitig zu verlinken, sollte auf den thematischen Kontext achten.

Mitbewerber-Backlinks
Wer wissen möchte, über welche Backlinks die Mitbewerber verfügen, kann dies herausfinden. Kostenlose Tools liefern innerhalb von Sekunden ein Ergebnis. Und wer auf Ihre Mitbewerber verlinkt, könnte doch auch auf Sie verlinken, oder?

Tooltipp:
Neilpatel: https://neilpatel.com/de/backlinks/
Ahrefs: https://ahrefs.com/de/backlink-checker

Aufgabe: Überlegen Sie, wer Interesse haben könnte, auf Ihre Seite zu verlinken. Probieren Sie den Tooltip aus. Hinterfragen Sie sich: Worin sehen Sie Ihren Expertenstatus, und wer könnte sich für diesen interessieren? Seien Sie mutig – denn nach einem Backlink zu fragen kostet nichts!

Der Aufbau von Backlinks sollte ohne Trickserei geschehen und ist eine eher langfristige Angelegenheit. Backlinks sollten stets thematisch passend sein. Sich Backlinks zu kaufen, widerspricht den Google-Richtlinien. Eine Abstrafung ist möglich.

5.5 Google Core Web Vitals

Mit den „Core Web Vitals" stellt Google eine einheitliche Bewertungsgrundlage zur Verfügung, deren Ergebnisse aus der User Experience (der Nutzererfahrung) einer Website resultieren. Die Core Web Vitals setzen sich derzeit zusammen aus:

Larges Contentful Paint (LCP): Die Ladezeit der Hauptinhalte einer Website. Studien zeigen (Quelle: https://aisel.aisnet.org/jais/vol5/iss1/1/), dass bereits Verzögerungen der Ladezeit von nur zwei Sekunden die Absprungrate der Seitenbesucher erhöhen. Dies gilt insbesondere bei unbekannten Seiten.

First Input Delay (FID): Die Zeit der ersten Interaktion des Seitenbesuchers mit der Seite (dies könnte beispielsweise der Klick auf einen Link oder Button sein) bis zu der Zeit, die der Browser an Reaktionszeit auf diese Interaktion benötigt.

Cumulative Layout Shift (CLS): Hier geht es um die visuelle Stabilität beim Laden der Webseite und um unerwartete Änderungen der Seite beim Ladevorgang, die eine schlechte Nutzererfahrung auslösen können.

Beispiel: Zwei Buttons auf der Seite eines Online-Reisebüros („merken" und „buchen") liegen auf einer Seite nahe beieinander. Befindet man sich mitten in der Reiseplanung, klickt den „merken"-Button an und das Layout der Seite verschiebt sich im Augenblick des Klicks, könnte ungewollt eine Buchung ausgelöst werden.

Fazit: Bei den Core Web Vitals ist unter anderem die Geschwindigkeit (Ladezeit) einer Seite wichtig. Die Beachtung der Core Web Vitals ist unverzichtbarer Bestandteil jeder Website-Optimierung. Die Core Web Vitals sind unter anderem über die Google Search Console einsehbar.

- Duplicate Content (doppelte Inhalte) ist problematisch. Durch das Setzen eines Canonical Tags können doppelte Inhalte für Suchmaschinen korrekt gekennzeichnet werden.
- Die Page Speed, die Geschwindigkeit einer Webseite, ist ein wesentlicher Rankingfaktor. Nicht optimierte Bilder und ein langsamer Webserver können die Ladezeit der Seite negativ beeinflussen.
- Responsiv Design passt sich in der optischen Darstellung automatisch an verschiedene Endgeräte an. Google bevorzugt die mobile Version einer Website (Mobile First).

- Ein Eintrag auf Google My Business ist unverzichtbarer Bestandteil von lokaler Suchmaschinenoptimierung. Das Tool ist kostenlos und einfach in der Einrichtung.
- Die Google Core Web Vitals sind eine von Google erstellte einheitliche Bewertungsgrundlage auf Basis von Nutzererfahrungen wie Ladezeit, Interaktionszeit und visuelle Stabilität einer Webseite.

Fast Reader

1. Das ist Suchmaschinenoptimierung

Die meisten von uns nutzen Suchmaschinen wie Google & Co. täglich. Die Ergebnisse unserer Suchabfragen entscheiden über unser (Kauf-)Verhalten. Daraus lässt sich leicht schließen, wie wichtig es ist, die eigene Website so zu optimieren, dass sich diese im Internet entsprechend gut positioniert. Suchmaschinenoptimierung (SEO Search Engine Optimization) bietet hierfür eine Vielzahl an Möglichkeiten – auch zum Selbermachen.

Die Funktion von Suchmaschinen:

- Die Crawler der Suchmaschinen durchforsten das Internet nach Inhalten und speichern diese ab.
- Auf Suchanfragen werden zu den verwendeten Suchbegriffen passende Suchergebnisse angezeigt.
- Je besser die Webseite zur Suchanfrage passt, umso prominenter wird diese in den Suchanfragen platziert.
- Nur wenige User klicken Ergebnisse an, die nicht auf der ersten Seite stehen.
- Keyword-Recherche ist die Basis für gelungene Suchmaschinenoptimierung.
- Es gibt Alternativen zu Google, die mehr auf Datenschutz achten, besonders für Kinder geeignet oder CO_2-neutral sind.

- SEO greift bei allen Suchmaschinen. Das Verwenden von Google ist kein Muss, Unterschiede sind bis auf lokales SEO gering.

2. SEO: Selbst machen oder helfen lassen

Die Versuchung mag groß sein, alles allein machen zu wollen. Doch wäre die Entscheidung fürs 100 % Selbermachen wirklich sinnvoll und von Erfolg gekrönt? Oder kostet sie letztendlich nur Nerven, Zeit und Geld? Wir alle haben unsere Stärken und Schwächen. Es gilt, herauszufinden, worin diese im Bereich SEO und der Optimierung der Website liegen. Wer hier Klarheit gewonnen hat, dem wird die Entscheidung nicht schwerfallen, SEO abzugeben oder es doch teilweise selbst zu machen.

Viele SEO-Maßnahmen lassen sich erlernen und umsetzen. Es gilt, die Balance zwischen „selbst machen" und „machen lassen" zu finden.

- Sich rechtzeitig professionelle Unterstützung zu sichern, lohnt sich in den Bereichen, in denen Sie sich nicht auskennen, Sie oder Ihre Mitarbeiter keine Zeit dazu haben und wenn Ihnen ausreichend finanzielle Mittel zur Verfügung stehen.
- Selbst machen bietet sich an, wenn Ihnen wenig oder kein Budget zur Verfügung steht, Sie zeitliche Kapazitäten und Interesse haben.
- Eine Kombination zwischen „machen lassen" und „selbst machen" kann die ideale Lösung sein.

3.   Klärungsfragen, die sich lohnen

Jetzt geht es um Sie, Ihr Produkt, Ihre Ziele und ob da wirklich alles so ist, dass Sie mit Freude und einem guten Gefühl dahinterstehen können. Kritische Klärungsfragen sind an dieser Stelle zielführend, denn ein Gemischtwarenhandel ist online riskant. Lernen Sie Ihre Kunden näher kennen und überzeugen Sie diese durch gekonntes Storytelling und gute Inhalte auf Ihrer Website. Keywords sind wichtig und spielen eine entscheidende Rolle. Finden Sie mithilfe von kostenlosen Tools die passenden Suchbegriffe für Ihre Texte.

Finden Sie Klarheit und die richtigen Worte.
- Suchmaschinenoptimierung beginnt mit kritischer Selbstreflexion und der Definition von Zielen.
- Durch das Erstellen von Personas wird die zum Angebot passende Zielgruppe ermittelt.
- Um die Zielgruppe passend anzusprechen, sollte auf entsprechendes Wording geachtet werden.
- Keywordrecherche ist die Grundlage jeder Optimierung. Achten Sie bei Ihren Formulierungen auf den Einsatz der passenden Keywords.
- Im Onlinegeschäft sind Spezialisierungen auf das Kernangebot ausschlaggebend und „Gemischtwarenläden" zu vermeiden.
- Seitenbesucher und Suchmaschinen lieben einzigartige Inhalte und gekonntes Storytelling.

4.   Praxisarbeit im CMS

Beginnen Sie mit den praktischen Umsetzungen direkt in Ihrem Content-Management-System. Mit welcher Optimierungsaufgabe Sie starten, ist irrelevant. Fangen Sie zur eigenen Motivation am besten mit dem Punkt an, der Ihnen am leichtesten fällt und am meisten Spaß macht.

- Meta Title und Description, Überschriften, die Navigation, interne und externe Verlinkungen sind SEO-Maßnahmen, die selbst vorgenommen werden können.
- Bilder-SEO beinhaltet die Optimierung aller Elemente der Grafik, wie Motiv, Dateigröße, Dateiname und den Alt-Text.
- Die URL-Struktur einer Website sollte einheitlich aufgebaut und aussagekräftig sein sowie das wichtigste Keyword enthalten.

5   Weitere SEO-Maßnahmen

Die Voraussetzung für das Gelingen eines Kuchens sind ein gutes Rezept und die richtigen Zutaten. Ähnlich verhält es sich bei der Optimierung von Websites. Damit sich das Ranking in den organischen Suchergebnissen verbessert, braucht es mehr als nur eine Zutat. Es ist die Komposition von vielen Komponenten und technischen Faktoren, die sich ergänzen und die dann letztlich zu einem gelungenen Ergebnis führen.

- Duplicate Content (doppelte Inhalte) ist problematisch. Durch das Setzen eines Canonical Tags können doppelte Inhalte für Suchmaschinen korrekt gekennzeichnet werden.
- Die Page Speed, die Geschwindigkeit einer Webseite, ist ein wesentlicher Rankingfaktor. Nicht optimierte Bilder und ein langsamer Webserver können die Ladezeit der Seite negativ beeinflussen.
- Responsiv Design passt sich in der optischen Darstellung automatisch an verschiedene Endgeräte an. Google bevorzugt die mobile Version einer Website (Mobile First).
- Ein Eintrag auf Google My Business ist unverzichtbarer Bestandteil von lokaler Suchmaschinenoptimierung. Das Tool ist kostenlos und einfach in der Einrichtung.
- Die Google Core Web Vitals sind eine von Google erstellte einheitliche Bewertungsgrundlage auf Basis von Nutzererfahrungen wie Ladezeit, Interaktionszeit und visuelle Stabilität einer Webseite.

Die Autorin

 Silvia Kohring absolvierte eine kaufmän-
nische Ausbildung und bekleidete dann
verschiedene Positionen in Industrie,
Marketing, Einkauf und Personalwesen.
Sie war 20 Jahre in der Geschäftsführung
einer Online-Reiseagentur tätig und hat
ebenso lange Erfahrung im Online-Mar-
keting, insbesondere in der Suchmaschinenoptimierung.
Silvia Kohring ist zertifizierte Suchmaschinen-Managerin.

Kontakt:
Silvia Kohring
seo-hd.de
Heidelberg/Karlsruhe
E-Mail: info@seo-hd.de

Register